服装工业制板原理与应用

李 填◎著

中国纺织出版社有限公司

国家一级出版社
全国百佳图书出版单位

内 容 提 要

《服装工业制板原理与应用》是作者根据多年的实际操作与服装教学经验编著而成。作者本着专业技术交流的宗旨，从服装企业生产实际出发，理论与实践相结合，对服装工业制板原理、服装工业制造单及工艺流程的编写、服装看单制板与放码、服装来样制板、服装看图制板、服装工业裁剪等内容进行了全面系统的讲解，是一本实用性很强的专业技术书。

本书通俗易懂，图文并茂，既可作为服装院校的专业教材，也可供服装技术人员及服装设计爱好者学习和参考。

图书在版编目（CIP）数据

服装工业制板原理与应用 / 李填著. -- 北京：中国纺织出版社有限公司，2024.3

ISBN 978-7-5229-1235-6

Ⅰ. ①服… Ⅱ. ①李… Ⅲ. ①服装量裁 Ⅳ. ①TS941.631

中国国家版本馆 CIP 数据核字（2023）第 234214 号

责任编辑：李春奕 张艺伟 责任校对：寇晨晨
责任印制：王艳丽

中国纺织出版社有限公司出版发行
地址：北京市朝阳区百子湾东里A407号楼 邮政编码：100124
销售电话：010—67004422 传真：010—87155801
http://www.c-textilep.com
中国纺织出版社天猫旗舰店
官方微博 http://weibo.com/2119887771
三河市宏盛印务有限公司印刷 各地新华书店经销
2024年3月第1版第1次印刷
开本：787×1092 1/16 印张：10.5
字数：207千字 定价：49.80元

凡购本书，如有缺页、倒页、脱页，由本社图书营销中心调换

前 言

    服装工业制板是服装职业教育中的一门核心课程，实践性比较强，是实现服装从设计稿到成衣间的桥梁，需要有大量的实践相配合方能有所习得。从学者一定要确立"在实践中提升"的学习方法，从最基础的内容入手，循序渐进，才能获得良好的学习效果。

    服装工业制板是一门艺术性与技术性综合的学科，若要"渐入佳境"，从学者还必须重视自身艺术修养的积累，这对于理解服装款式、造型、比例，理解服饰文化，提高形象思维能力和审美能力都非常有必要。

    本书是笔者根据多年的实际操作与服装教学经验编著而成，遵循由浅入深、深入浅出、学以致用的原则，理论与实践相结合，旨在提升从学者的理论与实践间的转换能力。全书图文并茂，易学易懂，希望能为职业院校学生和广大服装爱好者提供一本较为系统的、结构合理的及内容贴合企业生产实际的专业技术用书。

    由于笔者水平有限，书中难免存在不足与疏漏之处，恳请各位专家、读者指正。

李填

2023 年 8 月

目 录

第一章 服装工业制板基础 / 1

第一节 简述服装工业制板 / 2

一、服装工业制板 / 2

二、服装工业制板常用符号及用途 / 4

第二节 服装工业制板材料与工具 / 5

一、服装工业制板材料 / 5

二、服装工业制板工具 / 6

第二章 服装工业制造单和服装工艺流程
文件 / 9

第一节 服装企业订货单 / 10

一、服装企业订货单种类 / 10

二、服装企业订货单的主要内容 / 10

三、服装企业订货单样例 / 11

第二节 服装工业制造单 / 13

一、服装工业制造单的形式 / 13

二、服装工业制造单的主要内容 / 13

三、编制服装工业制造单的注意事项 / 14

四、服装工业制造单样例 / 14

第三节 服装工艺流程文件 / 18

一、服装工艺流程文件的主要内容 / 18

二、服装工艺流程文件的核实要点 / 21

第三章 服装工业制板与放码 / 23

第一节 国家服装号型标准 / 24

一、服装号型概念 / 24

二、服装号型标注 / 25

三、服装号型系列 / 25

四、服装号型的内容及应用 / 25

第二节 成衣规格设计 / 30

一、成衣规格尺寸设计要点 / 30

二、控制部位尺寸设计 / 30

第三节 缩水率对服装工业制板的影响 / 32

一、成品缩水率 / 32

二、缩水率的测试方法 / 32

三、缩水率与成品规格的换算 / 33

第四节 服装工业样板放码 / 34

一、服装工业样板放码原理 / 34

二、服装工业样板放码方法 / 34

三、服装工业样板放码要求 / 37

四、服装工业样板放码注意事项 / 38

第五节 服装制板与工艺流程 / 39

一、分析订单和样衣 / 39

二、选定规格尺寸、绘制服装样板 / 40

三、出头板头样、复核效果 / 40

四、系列样板的绘制与制作 / 41

第六节　服装工业样板核查 / 48

　　一、查板 / 48

　　二、检查全套样板是否齐全 / 50

第七节　计算机在服装工业制板中的应用 / 51

第四章　服装工业制板与放码实例 / 53

第一节　西装裙制板与放码 / 54

　　一、生产通知单及款式图 / 54

　　二、制板与放码 / 55

第二节　男西裤制板与放码 / 60

　　一、生产通知单及款式图 / 60

　　二、制板与放码 / 62

第三节　小喇叭牛仔女裤制板与放码 / 67

　　一、生产通知单及款式图 / 67

　　二、制板与放码 / 69

第四节　女衬衫制板与放码 / 75

　　一、生产通知单及款式图 / 75

　　二、制板与放码 / 76

第五节　男衬衫制板与放码 / 81

　　一、生产通知单及款式图 / 81

　　二、制板与放码 / 83

第六节　男夹克衫制板与放码 / 87

　　一、生产通知单及款式图 / 87

　　二、制板与放码 / 89

第七节　刀背缝女时装制板与放码 / 94

　　一、生产通知单及款式图 / 94

　　二、制板与放码 / 96

第八节　男西服制板与放码 / 101

　　一、生产通知单及款式图 / 101

　　二、制板与放码 / 102

第五章　服装制板方法 / 111

第一节　服装来样制板 / 112

　　一、服装来样制板的流程 / 112

　　二、服装来样制板的测量方法 / 112

　　三、服装来样制板的实例 / 112

第二节　服装看图制板 / 121

　　一、服装看图制板的流程 / 121

　　二、服装看图制板的实例 / 122

第六章　服装工业裁剪 / 133

第一节　简述服装工业裁剪 / 134

第二节　裁剪分床方案的制订 / 135

　　一、裁剪分床的概念 / 135

　　二、裁剪分床方案的内容 / 135

　　三、裁剪分床方案的要点 / 135

　　四、裁剪分床方案的制订 / 136

　　五、裁床分配方案的计算实例 / 139

第三节　验布 / 142

　　一、面料质量的检验方法 / 142

　　二、对规格、数量的复查 / 142

　　三、对布料幅宽的检查 / 142

　　四、对其他辅料的复查 / 143

第四节　排料与画样 / 143

　　一、排料与画样的概念 / 143

　　二、排料与画样的准备工作 / 143

　　三、排料工艺 / 143

　　四、画样工艺 / 148

第五节　拉布的工艺与方法 / 148

　　一、拉布的工艺与要求 / 148

　　二、拉布方法 / 150

　　三、布匹的衔接 / 152

第六节　服装裁剪工艺技术 / 153

　　一、服装裁剪工艺的技术要求 / 153

　　二、裁剪进刀的工艺方法及要求 / 154

　　三、裁剪设备 / 155

第七节　验片、分类、编号和包扎 / 158

　　一、验片 / 158

　　二、裁片的分类与标记 / 159

　　三、编号 / 159

　　四、包扎　/ 160

　　五、结算用料、退库 / 160

　　六、树立安全意识 / 161

参考文献 / 162

服装工业制板是服装生产企业十分重要并且技术性极高的生产环节，它的好坏直接影响企业的生存。因为它关系到服装成品的质量与经济效益问题，所以掌握工业制板技术有着深远意义。它是服装企业成衣生产系列化的重要工序，是指按照企业生产计划或依据客户的来料加工要求制作出系列工业样板，并提供给裁剪部门，之后由裁剪部门裁剪出各种形状大小不一的衣片，并提供给缝制部门加工成衣。

第一章

服装工业制板基础

第一节　简述服装工业制板

一、服装工业制板

　　服装工业制板是指依据服装厂生产通知单下达的各项技术指标制作而成的工业用的服装样板，也被称为服装工业样板，是在服装生产中排料、画样、裁剪、制作时用的一种样板。服装工业样板的种类按其用途不同，可分为服装裁剪样板和服装工艺样板两大类。服装裁剪样板可分为服装面料样板、服装里料样板、服装衬料样板、服装零部件样板等，而服装工艺样板又可分为服装修正样板、服装扣烫样板、服装定形样板、服装对位样板、服装漏花样板等。在制作服装样板时选购纸张的要求有伸缩性小、纸张坚韧、纸面光洁等。

（一）服装裁剪样板

1. 服装面料样板

　　服装面料样板是用于服装排唛架之上画样、裁剪面料的样板。服装面料样板分为两类：一类是服装净样板，另一类是指加有缝份和折边的服装毛样板，有的也被称为服装面料大样板。工业裁剪时都使用毛样板，如图1-1所示为西装裙前片毛样板。

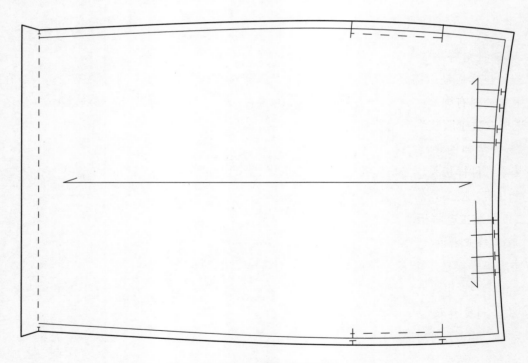

图1-1　西装裙前片毛样板

2. 服装里料样板

　　服装里料样板是用于服装排唛架之上画样、裁剪里料的样板，是加有缝份和折边的服装毛样板，有的也被称为服装里料大样板。服装里料样板是在服装面料样板的基础上制成的。为了使成品里外平整，服装里料样板某些部位的尺寸应该略大于面料样板，以免由于里料过紧而出现吊紧现象，造成服装外形不平服。图1-2所示为西装裙后片里料毛样板。

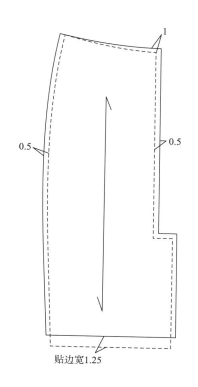
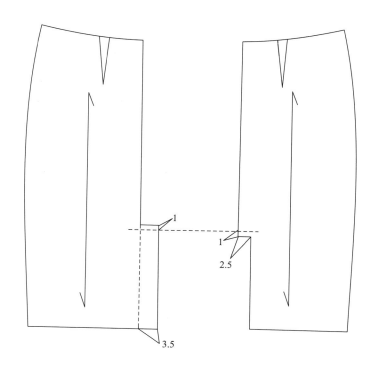

贴边宽1.25

图1-2　西装裙后片里料毛样板

3. 服装衬料样板

服装衬料样板是用于服装排唛架之上画样、裁剪衬料的样板。服装衬料属于辅料类，在服装加工中常用的辅料有黑炭衬、马尾衬、无纺黏合衬、有纺黏合衬、领底呢等。服装衬料样板的形状及属性的选择取决于服装生产工艺。

4. 服装零部件样板

服装零部件样板是用于服装排唛架之上画样、裁剪零部件的样板，如袋布、袋盖、袋贴、袋唇条、袖头、裤门襟、腰头等部件。一般使用服装毛样板。

（二）服装工艺样板

1. 服装修正样板

服装修正样板是用于服装面料对条、对格的中高档产品的样板，有时也用于某些局部修正，如领圈、袖窿等。它也是为了避免裁剪过程中衣片变形而采用的一种补正措施。

2. 服装扣烫样板

服装扣烫样板用于只车缝明线而不车缝暗线的零部件，如贴袋，将扣烫样板放在贴袋的反面，周边留出缝份，然后用熨斗将这些缝份向定形样板方向扣倒并烫平。服装扣烫样板为净样板，采用不易变形的薄铁片或薄铜片制成，有的也被称为服装小样板。

3. 服装定形样板

服装定形样板是为了使服装某些部件外形不受样板放码数变化的影响而运用于划线、缉线等作用的样板，如口袋盖、衣领、下摆等部件的圆角处，在服装定形样板的周围画上线条，之后按线条车缝。也可在定形样板上沿着它的边缘车线，定形样板最好采用砂布等材料制作，目的是增加样板与面料间的摩擦力，以免在服装缝制过程中移动。

4. 服装对位样板

服装对位样板是用于不允许钻眼定位的衣料或某些高档服装的对位样板，用于袋位、扣眼位、折边位等对位处。

5. 服装漏花样板

服装漏花样板是通过人工操作或服装 CAD 系统排好的样板，沿衣片线每间隔一小段距离（0.3～0.4cm）打成细孔，以便漏粉，目的是代替划样。该样板对生产服装成品规格不变、面料幅宽不变的大批量产品非常适用，生产效率较高。

二、服装工业制板常用符号及用途

服装工业制板常用符号及其名称和用途见表1-1。

表1-1　服装工业制板常用符号及其名称和用途

符号	名称	用途
———	基础线	在绘制结构制图上，各部位的辅助线用细实线表示，宽度为轮廓线的1/2
———	轮廓线	绘制结构制图的完成线，用粗实线表示，宽度为0.05～0.1cm
—·—·—	折边线	用在衣片的连接处表示不可裁开的线，如上衣门襟的折边、袖口折边以及下装的裤脚折边等，采用单点划线表示，宽度同基础线
-------	净缝线	用于表示部位缉缝线的线条，采用虚线，线条粗细同基础线
⌒⌒	等分线	用于将某一部位的距离分成若干相等的等份，如背宽线的画法：通常将后衣片的袖窿深分成两等份，在1/2处画横线为背宽线
⊢——⊣	距离线	表示纸样某部位的起点至终点的距离
⌐	直角符号	用在两线相交呈90°的部位，如绘制西服的背中线与下摆、袖长、袖口等处
⌐⌐⌐	顺向符号	在有绒毛和有倒顺之分的面料上，采用"顺向符号"表示方向，如灯芯绒、平绒、风景图案等
⨯	重叠符号	在相邻裁片交叉重叠部位而采用的重叠标记符号，如裙摆、上装的前后片等，它表示两侧缝处的重叠部分
○ ● □ ■ ◎	同寸符号	图示中的标记符号表示相邻裁片的某部位尺寸相同
⊖	合并符号	在结构图上因款式要求，需将一部分与另一部分合二为一时，就要采用合并符号，如男衬衫的过肩和衣身合二为一等
⟋	经向符号	表示原料的纵向（经向），有时也被称为布纹号
⟋⟍	省略符号	省略裁片某部位的标记，常用于表示长度较长而结构图中无法画出的部分，如腰头、下摆的脚口围
⊢	扣眼位符号	在结构图和服装上表示锁扣眼的位置及大小符号标记
⊕	纽扣位符号	在结构图和服装上，表示服装纽扣位置的标记，交叉线的交点是缝线的位置
⊥	打牙口符号	表示样板上需要打牙口的位置，打牙口是指某两块部位要对准的意思，如上衣前后片的腰节线处、衣袖的大小袖片的袖肘线等

符号	名称	用途
	省道线符号	表示衣片上需要收取省道的位置与形状，一般采用轮廓线（粗实线）表示，常用的有腰省、胸省、袖肘省、半活省和长腰省等
	褶裥符号	表示衣片需要折进的部分，斜线方向表示褶裥的折叠方向
	坐标基点	用在样板缩放时的固定点，其他部位的任何点缩放时都要以此点为坐标
	纵向符号	用在对服装样板缩放时，向上或向下的缩放标记符号
	横向符号	用在对服装样板缩放时，向左或向右的缩放标记符号
	缩放标记符号	用在对服装样板缩放时，纵向向上，横向向左或向右的缩放标记符号
		用在对服装样板缩放时，纵向向下，横向向左或向右的缩放标记符号

表1-1中的服装工业制板符号都是经常用到的，在实践中，我们必须掌握它们的特点并正确运用，才能保证样板在生产过程中的规范性和标准性。当然，服装工业制板符号还有很多其他的标准符号，由于不经常使用，加上篇幅有限，在此就省略不作解释。

第二节　服装工业制板材料与工具

依据成衣工业化生产的特点，打板纸的纸张一般都是专用的打板纸，因为在裁剪和后整理时，服装样板的使用率高，为了保存时间长，并保持服装样板不变形，纸张必须选用有一定厚度的，且有较强的韧性、耐磨性、防缩水性和防热缩性的。

一、服装工业制板材料

1. 硬板纸

在服装制板中，硬板纸是常用的纸张之一。市面上硬板纸的种类很多，厚薄不一，有不同克重的卡纸、鸡皮纸、牛皮纸、黄板纸和白板纸等，由于它们都具有较强的韧性、耐磨性、防缩水性、防热缩性和抗皱性，用它们制作的服装样板通常比较耐用、不易变形，便于长久保存。

2. 唛架纸

市面上唛架纸的厚薄不一，通常采用 60～80g 的白色唛架纸制作初次纸样及用于排唛架。由于制作样板未必一定有订单，采用白色唛架纸来制作"头板"，则较为节省成本。

3. 卷筒纸

卷筒纸的宽度一般为 1.5～2m，厚度为 1mm 左右，可用于服装 CAD 画图、画样、计算机排唛架和手工排唛架。由于在服装 CAD 系统中，服装样板通常以电子文件形式保存在计算机中，存取非常方便，对样板纸张的要求相对没有那么高。

二、服装工业制板工具

服装工业制板常用工具如下（图 1-3）。

1. 软尺

软尺一般长为 150cm，两端均有金属片固定，在软尺的正、反面分别标有以厘米和英寸为单位的数据。软尺也常被称为皮尺，它可用于测量人体尺寸、服装样板尺寸和各种弧线尺寸等数据。

2. 直尺

市面上有 20cm、30cm、50cm 和 100cm 不同规格尺寸的直尺，常用的直尺材质有塑料和金属两种。

3. 格子尺

格子尺的材质为塑料透明且标有格子，并有厘米和英寸的尺寸标注。它常用于绘图、加放服装样板缝份和放码。

4. 弯尺

弯尺用于绘制较长的弧线，如服装内外侧缝线、下摆弧线、袖底弧线等。

5. 曲线板

曲线板是弯曲的塑料工具尺，用于绘制弧线部位，如袖窿、袖山、领窝等处。

6. 三角板

三角板用于绘制服装样板的直角部位。

7. 量角器

量角器是用于测量角度的工具，常用于服装样板上领的夹角、肩斜等部位角度的测量。

8. 圆规

圆规是绘制曲线、圆弧的工具，常用于裙摆、插肩袖等部位的绘制。

9. 铅笔

铅笔是绘图的专用工具。常用的铅笔型号有 2H、H、HB、B、2B、4B 等，其中 H 型号为硬型，B 型号为软型。还有一种铅笔类型是活动铅笔，活动铅笔内装 0.3cm、0.5cm 或 0.7cm 粗细的铅芯。

10. 马克笔

马克笔用于在服装样板上标注文字和标明经纬向，有时也被称为大头笔。

11. 人台

人台上标有前后中心线、胸围线、腰节线、臀围线、肩线、领窝线、公主线等，它常用于检验服装样板。

12. 描线器

描线器又被称为点线器和滚轮器，它通过齿轮在图纸上沿线条滚动出印迹来复制样板。

13. 锥子

锥子又被称为钻子，可用于上、下层面料和多层面料扎眼定位。

14. 打孔机

打孔机用于已制成的纸样边缘处,打对位孔和穿挂孔。

15. 挂钩

挂钩是用金属做成的,用于挂服装样板。

16. 订书机

订书机用于将服装样板重叠订合,方便剪裁。

17. 珠针

珠针用于多层样板的定位,也有采用大头针固定和定位的。

18. 夹子

夹子用于固定多层样板。

19. 胶带

胶带用于包裹样板的四周边缘,防止边缘磨损,延长样板的使用寿命。

20. 印章

印章用于服装样板管理,凡经检查符合技术标准的样板,须在四周加盖印章,任何人不得随意更改。

21. 剪刀

服装专用剪刀常用的有 22.9cm(9 英寸)、25.4cm(10 英寸)、27.9cm(11 英寸)、30.5cm(12 英寸)等规格。需要注意的是,由于剪切服装样板对剪刀的损伤很大,所以用于剪切样板和面料的剪刀需要区分开。其他种类的剪刀可根据个人习惯灵活运用。

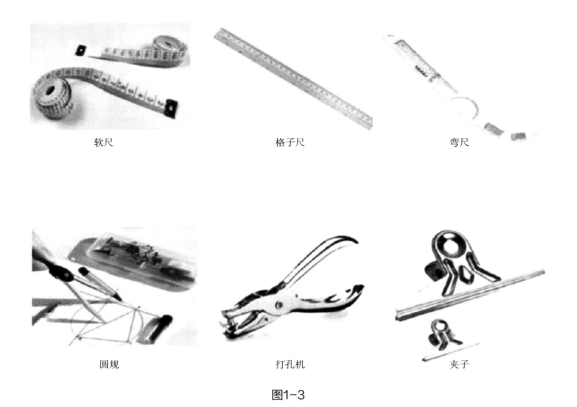

软尺　　　　　　　　格子尺　　　　　　　　弯尺

圆规　　　　　　　　打孔机　　　　　　　　夹子

图1-3

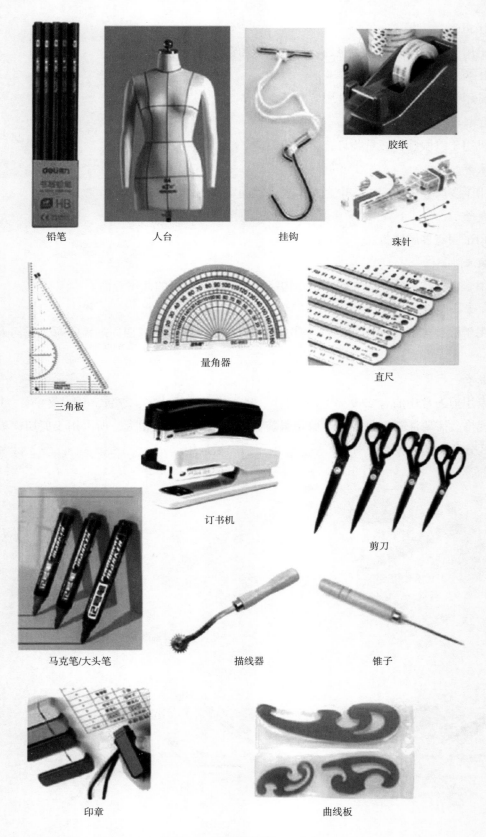

铅笔　　　　　人台　　　　　挂钩　　　　　胶纸

珠针

三角板　　　量角器　　　　直尺

订书机　　　剪刀

马克笔/大头笔　　描线器　　　锥子

印章　　　　　　曲线板

图1-3　服装工业制板常用工具

服装工业制造单是服装企业不可或缺的一项核心技术性资料文件，一般依据企业内销订货单和外销订货单，或者是企业内部的销售计划制订。服装工艺流程文件则是依据客户和服装工业制造单的款式、缝制工艺要求而制定的一种说明性文件。

编制服装工业制造单和服装工艺流程文件是为了使服装企业的各个生产部门按生产计划和标准执行生产任务，它是服装企业进行生产管理的依据，同时也是为了在服装企业设立完整、系统的生产计划，将产品的生产方法及其工作程序做出的最好安排。因为只有遵循最有效、最经济的生产原则，并且服装企业内部在时间、人力、材料的消耗上相互配合，才能做出系统的工作安排，制订出服装企业生产的品种、数量、成本和进度等生产计划。

编制服装工业制造单和服装工艺流程文件是服装企业成衣化生产必不可少的重要环节，因为企业在进行服装批量生产时，各个部门都必须依据服装工业制造单上所规定的设计方案进行工作。

第二章

服装工业制造单和服装工艺流程文件

第一节　服装企业订货单

编制服装工业制造单时，一般以服装企业内销订货单或服装企业外销订货单为依据来制定其内容，下面以服装企业内销订货单的主要内容为例进行详细讲解。

一、服装企业订货单种类

服装企业订货单包括两种：一种为内销订货单，另一种为外销订货单。各服装企业都有自己拟定的一套订货单，大多以表格的形式列出客户订货项目和对产品的各项要求。

二、服装企业订货单的主要内容

服装企业订货单的主要内容大同小异，大致包括以下内容：

1. 订单号

订单号是为了便于合作双方查询使用而设置的一组号码。

2. 合约号

合约号是指订单技术部门详细审核并确定接单后，合作双方需要签订合约而设置的一组号码，需要将合约号填入订货单，以便查核。

3. 供货单位

供货单位是指卖方的单位名称。

4. 订货单位

订货单位是指加工方或者买方的单位名称。

5. 款式

款式是指说明订货要求的产品名称和类型。

6. 数量

数量是指需要产品的数量（单位：件、条、套）。

7. 货期

货期为双方商议的交货时间。

8. 单价

单价为双方协议的价格。

9. 折合外汇

折合外汇指签约当天按官方汇率折合的订货单金额。

10. 成衣规格

成衣规格是指所提供成衣的各种数量、颜色、规格的搭配。

11. 面料说明

提供对面料的要求。例如：①说明面料名称、原料成分、纱线密度、经纬密度、门幅、颜色等；②水洗方法：通常对一些天然的布料作后整理，必须根据客户要求而定，不需要水洗的面料可以不填。

12. 辅料说明

提供对辅料的要求。

13. 包装说明

注明包装方式、包装材料、包装分配、装箱安排等信息。

14. 保险级别

根据货物金额、货物采用的运输方式等确定的保险级别。

15. 付款方法

付款方法为双方协议的付款时间或分期付款形式。

16. 备注

备注指针对一些内容，进一步做出需要的补充或详细的说明。

17. 订货单位、供货单位和经办人签章、签日期

需求方和供货方的经办人分别在订货单上签字并加盖公章和签署日期，以确保订货单的有效性。

三、服装企业订货单样例

1. 服装企业内销订货单

服装企业内销订货单样例见表2-1。

表2-1　广州某服装企业内销订货单

订单号：

颜色	规格									面料说明	包装说明
	数量										

合约号_____　　供货单位_____　　订货单位_____
款　式_____　　数　量_____　　交货日期_____
单　价_____　　总金额_____　　要求说明_____

备注说明：	备注说明：	付款说明：
供货单位签章： （甲方） 经办人： 　　　　年　月　日	订货单位签章： （乙方） 经办人： 　　　　年　月　日	

2. 服装企业外销订货单

服装企业外销订货单样例见表 2-2。

表2-2　广州某服装企业外销订货单

订单号：

合约号：		签约对方：			订货日期：　　年　月　日	
品名	规格	数量	单位	单价	总值	折合外汇
买主国别或地区：				保险级别：		
付款方式：		成交条件：			成交地点：	
供货单位：				订货单位：		
货号	色号	品名	规格	数量	单价	总金额	交货日期	备注说明

（包装说明、交货地点、交货日期、备注、签章部分）

包装说明：

交货地点：

交货日期：

备注：

供货单位签章： 经办人： 　　　　年　月　日	订货单位签章： 经办人： 　　　　年　月　日

第二节　服装工业制造单

　　服装工业制造单依据服装订货单编制而成，它是整个服装生产过程及各个生产环节、生产活动的规则，它的制定和执行对企业的生产起着至关重要的作用。因此，企业按制订的生产计划通知下达的工业制造单通常也被称为生产制造通知单或生产制造任务书，它是服装生产的命令性文件，由服装企业计划部门提供，并下达至服装企业生产部门。服装企业生产部门则依据生产制造通知单或生产制造任务书安排生产任务。为了使生产部门能领会计划部门或订货单位的意图和要求，生产制造单中必须写明所有要求和标准。

一、服装工业制造单的形式

　　服装企业的工业制造单通常以表格的形式呈现，虽然每个服装企业对表格设置的形式不一，但其包含的主要内容基本是一样的。

二、服装工业制造单的主要内容

　　在服装企业实际工作中，不管设置哪一种形式的服装制造单，都可以参照以下内容来设置。

1. 工业制造单编号

　　工业制造单编号是指服装生产制造通知单上的编号，简称为生产单代码，在实际生产中必须按照一定编号方法为生产制造通知单编上号码，以便在工作中查找、提取或者存档保管，它是联系各生产环节极为重要的编号。在服装生产制造过程中，有了编号，将更方便各部门的信息沟通，使信息传递更为准确。

2. 工业制造单合约号

　　工业制造单合约号是指客户与服装企业签订生产合约书的编号。标明合约号，是为了更方便查找合约的内容和双方沟通的信息。

3. 客户

　　客户是指加工方或买方的名称。

4. 货期

　　货期即交货日期，要求服装企业各生产部门对本订货单的生产时间、交货时间要有所了解，并要求各生产流程环节做到按时完成生产任务，确保服装企业按签约规定的时间准时交货。

5. 款式

　　在服装制造单中要标明款式名称和类型。

6. 数量

　　在服装制造单中要标明生产产品的数量。

7. 成衣的规格、颜色与数量的分配

　　在服装制造单中要详细标明成衣的规格、颜色与数量的分配，裁剪部门依据这些资料和数据制订搭配方案和做出生产指标，便于生产计划部门的管理和调度。

8. 成衣各部位规格

在服装制造单中要详细标明服装各部位的规格，这些规格为服装生产中的执行依据，便于质检部门依据成衣各部位的规格进行质量查验等工作。

9. 度量方法

度量方法是指对服装成品的测量方法。由于不同地区有不同的测量方法，有些特殊部位的测量，需要进行详细的测量说明。

10. 包装说明

包装说明是指包装的方法、包装分配和装箱的安排情况与说明。

11. 面里料说明

面里料说明是指注明面料、里料的名称、原料成分、组织结构和颜色等。

12. 辅料说明

辅料说明是指注明需要的辅料名称和规格数量。

13. 制作要点

制作要点是指在制作服装产品时，对缝制工艺的要求加以说明，制作时必须严格按照说明事项来执行。

14. 图解

图解是指用绘图的方式来表示说明的一种方法。因为有些细节部位无法用语言表达清楚，所以需要采用绘图方式说明款式和缝制工艺上的一些细节要求。

15. 备注

备注是指对一些内容做出补充或详细的说明。

16. 各部门的负责人和制表人的签名、盖章及签署日期

服装企业各部门的负责人和制表人的签名、盖章及签署日期，可以确保服装制造单的有效性。

17. 发放、存档

服装工业制造单的发放，可以按照成衣生产企业内的相关部门，配送需要的工业制造单份数，以便相关部门在生产中依据执行、存档和备查。

三、编制服装工业制造单的注意事项

服装工业制造单又被称为服装生产通知单，它是依据服装企业销售计划资料或订单资料而编制的，是用于指导服装生产的重要技术性文件，应注意如下事项：

（1）服装工业制造单与资料要求的款式和使用的面料、里料、辅料是否相同。

（2）服装工业制造单与资料要求的规格、颜色、数量是否相同。

（3）服装工业制造单与资料的包装方法、装箱搭配要求是否相符合。

（4）服装工业制造单与资料的交货日期是否相同。

四、服装工业制造单样例

在服装企业，工业制造单的形式多样，下面列举三种不同形式的工业制造单供大家参考。

1. 服装企业生产通知单

服装企业生产通知单样例见表2-3。

表2-3　广州某制衣有限公司生产通知单

临时编号：

合约号：　　　　　　　　　　　　　　　　　　　　　　　　　　　　文件编号：

客户编号：		订单编号：		裁床完成日期：					
款　　　号：		是否加急：		车间完成日期：					
款式名称：		面料名称：		洗水完成日期：					
订货日期：		交货日期：		包装完成日期：					
预裁数量：	码数								
	唛架比例								
唛架长：　　封度：	尺码比例								
	实裁数								
尺寸号：	腰围								
	臀围								
预计用布数量：	脾围								
	脚口围								
实际用布数量：	前裆弧长								
	后裆弧长								
出裁日期：	内侧缝长								
	腰头宽								
洗水方法：									

辅料说明（如里布名称、成分、规格、颜色、预计用布数量、实际用布数量）：

面线：	唛头：	朴：	鸡眼：	包装方法：
底线：	拉链：	纽：	胶针：	胶袋：
打枣线：	绣花：	钉：	袋布：	纸箱：
锁边线：	橡筋：	铸件：	成分：	标价：
凤眼线：	魔术贴：	皮牌：	吊牌：	

制作要点说明：　　　　　　　　　　　　　　（工艺制造要求）	图解：　　　　　　　　　　　　　　　　（生产图说明）

2. 服装企业制造通知单

服装企业制造通知单样例见表2-4。

表2-4　深圳某服装有限公司制造通知单

订单号：

公司编号：　　　　　　　　　　　　　　　　　　　　　　　　　合同号：

客户：		款号：	款式：	洗水方法：
下单日期：		完成日期：	缩水率：	备注：

外形简解：

（生产图说明）

单位：	洗水前尺寸					洗水后尺寸				
名称	尺码					尺码				

物料通知单				制造要求说明：
名称	代号	数量	部位与用法	

制表：	复核：	审核：	核准：

3. 服装企业制造通知单

服装企业制造通知单样例见表2-5。

表2-5　大连某服装公司制造通知单

临时编号：　　　　　　　　　　　　　　　　　　　　　　　　　　　　制单号：

合约号：	客　户：	数　量：
款　号：	款　式：	交货日期：　　年　月　日

颜色	规格								生产图说明：
	数量								
合计									
部位	尺寸								

面料说明：	辅料说明：	包装说明：

制作要点：	
制单人：	生产厂长：
制单日期：	签发日期：

第三节　服装工艺流程文件

　　服装工艺流程文件是指导服装成衣化生产的重要工艺性文件，它反映了服装产品工艺过程的全部技术要求，既是指导服装产品加工和工人操作的技术规程，也是企业交流和总结制造与操作经验的重要手段，同时还是产品质量检查及验收的主要依据。

一、服装工艺流程文件的主要内容

1. 服装工艺流程文件适用范围

　　服装工艺流程文件必须详细说明本服装生产流程的工艺文件适用的产品全称、款式、型号、色号、规格、销售地区、合约号及订货单编号等。

2. 服装产品概述

　　服装产品概述包括产品外形、产品结构、产品特征及主要面料和辅料的各种材料等方面的信息。

3. 服装产品效果图

　　服装产品效果图是指导各部门生产的图样，要求严谨、规范、端正、真实。不仅比例要准确合理，而且各部位的标注也要准确无误，每根线条的长短、粗细以及比例位置都要与实样相符。对于复杂的部位或关键工序还应配制解析图。

4. 服装产品规格、测量方法及允许误差

　　客户如提供产品规格的应严格按照客户要求的规格编制服装工艺流程文件。对于客户没有提供产品规格的或者计划生产销售的产品，可自行设计规格或者按照国家颁布的号型系列选择设计规格。测量方法在不同的地区有所不同，必须加以说明。产品规格的允许误差可以根据客户要求掌握，客户没有明确要求的可以依据国家技术标准执行。

　　（1）部分服装规格公差参考值见表2-6。

表2-6　部分服装成品规格公差参考值　　　　　单位：cm

部位	品种					
	单服	衬衫	西服	西裤	T恤衫	连衣裙
	数值					
衣长	±1	±1	±1.5		±1	±1
胸围	±2	±2	±2		±2	±1.5
领围	±0.7	±0.6	±0.6		±0.7	±0.6
肩宽	±0.8	±0.8	±0.6		±0.8	±0.8
袖长	±0.8	±0.8	±0.7		±0.8	±0.8
裤长				±1.5		
腰围				±1		
臀围				±2		
横裆围				±1.5		
脚口围				±1		
裙长						±2

（2）童装成品规格公差参考值见表2-7。

表2-7　童装成品规格公差参考值　　　　　　　　　　　　　　　　　单位：cm

部位	公差	测量方法
衣长	±1	从服装前衣片的肩颈点垂直量至下摆
胸围	±1.6	在袖窿底线的胸围处平服横量
领围	±0.6	立领：量上领口线；其他领型：量下领口线
袖长	±0.8	从袖子的顶点量至袖口
肩宽	±0.8	在袖与肩交接缝处摆平横量
裤长	±1	在腰口线平服量至脚口线
腰围	±1.5	在腰宽的中间横量
臀围	±1.8	在腰口线向下定寸采取V形测量（企业常用的测量方法）
横裆围	±1.5	在横裆处平服测量
脚口围	±0.8	在裤脚口处平服测量

5. 制作服装裁剪样板

制作服装裁剪样板是服装工艺流程文件的一项主要内容（本书第三章中有详细的讲解）。

6. 服装面辅料的品种、规格、数量、颜色等规定

服装工业流程的工艺文件对所指导产品的面辅料的品种、规格、数量和颜色的要求与订货单规定一定要相符，并要和面辅料的样品（卡）相核对，确认无误后才准投入使用。在编写服装工艺流程文件时，有必要填写服装面辅料明细表，并应对服装面辅料的使用有详细的说明。

7. 裁剪服装定额用料

裁剪服装面料、辅料、衬料等的定额用料由服装企业技术部门制定。服装企业技术部门设专人或者指定有丰富的生产排料经验的裁床师傅进行排料，并下达一级"排料图"对用料定额，以规定该批产品的定额用料计划。服装裁剪车间经过精密"套排"后的用料为实际用料，原则上不能超过一级排料时确定的定额用料计划。

8. 有关服装裁剪方法的规定

根据不同服装款式的结构、面料、辅料、花型、图案及各种材料的幅宽（门幅），制定省时省料、较为合理的裁剪操作工艺方案（本书第六章中有详细的讲解）。

9. 服装熨烫部位及允许使用的最高温度

在编制服装工艺流程文件时，对需要熨烫的部位必须写明熨烫要求并注明相应的熨烫工具设备。还应根据测试报告规定允许使用的最高温度，避免在熨烫过程中造成不必要的服装产品损失。

10. "工夹模具"及专用设备的使用规定

为提高服装生产工效，确保产品质量，服装工艺文件有必要规定使用统一的"工夹模具"及专用设备。工夹模具发放前要经过严格检测和调试，未经检测合格的工夹模具不得投入使用。一批任务完成后应及时收回，以免发生差错。

11. 产品工序技术要求

为了使服装成品符合技术标准和出厂要求，服装企业应对每道服装工序的生产技术有严格的要求。例如，要详细说明服装在加工过程中的具体程序、加工方法和质量要求，在生产服装大货时必须严格按照产品每道工序的规定技术要求去完成。

12. 有关服装部件及缝制方法的规定

在编制服装工艺流程文件时还必须制定具体缝制要求，必要时要配图解说明。具体见表2-8。

表2-8　服装制造说明

制造说明	图解说明：
前幅	
1.	
2.	
3.	
4.	
5.	
6.	
后幅	
1.	
2.	
3.	
4.	
袖幅	
1.	
2.	
3.	
领幅	
1.	
2.	

13. 服装缝纫形式和针距密度

现在，传统的服装工艺、技术和设备跟不上服装缝纫技术的飞速发展，新工艺、新技术和新设备的应用使缝纫形式也日渐增多，在进行服装缝纫技术指导时仅依靠口头沟通或文字是很难确切表达的。因此，在编写服装工业流程工艺文件时需认真执行国际标准 ISO 4916 文件，因为国际标准 ISO 4916 文件已对各种服装缝纫形式的示意图做了统一的规定。另外，服装工艺文件还应根据服装不同部位和不同的要求规定缝纫机缝制的针距密度和手工缝制的针距密度。具体见表2-9（仅供参考）。

表2-9　各种用途缝迹的密度标准　　　　　　　　　　　单位：个/2cm

缝迹用途	缝料种类					
	绒布类	双面布类	汗布类	色织布类	绸料类	呢毛料类
锁缝	9～10	10～11	10～11	16～18	14～16	14～16
单线缉边线	7～8			10～12		9～11
三线包缝	6～7	7～8	7～8	10～12	11～13	
双针绷缝	7～8	8～9	8～9			
冚车	7～8	8～9	8～9			
三针	8～9	9～10	9～10			
绲领	8～9	9～10	9～10			
绲带	8～9	9～10	9～10		14～16	12～16
包缝底边	6～7	7～8	7～8		14～16	
松紧带	7～8	8～9	8～9		8～9	6～7

14. 服装配件及标志的有关规定

在编写服装工艺流程文件时应严格规定该产品的号型、规格、织造及采用的商标、洗涤说明等标志，并要注明使用方法及装饰的位置。

15. 服装成品折叠、搭配及包装方法

在编写服装工艺流程文件时，必须写明成品的折叠形状和长与宽的折叠尺寸，并规定统一的包装方法。如果客户有明确的要求，必须按照客户要求执行办理。

16. 服装工艺流程文件签发

服装工艺流程文件编制完成后，必须由服装企业技术部门负责人认真审核，然后由编写人、复核人签字，写明编制核准日期，由主管负责人签名确认后，原件加盖"正本"字样存档。复制的服装工艺流程文件加盖"副本"字样后，作为正式文件下达有关服装生产车间或各个有关部门。

二、服装工艺流程文件的核实要点

1. 核实服装工艺流程的内容

（1）服装工艺流程文件中编写的内容是否与客户提供的样品及有关文字说明或者本企业试制的确认样相符。

（2）服装工艺流程文件中编写的内容是否符合合约单或者订单上指定的规格、款式、型号及生产批量等要求。

（3）服装工艺流程文件中编写的内容是否明确了本企业现有及可能使用的专用设备能否正常使用。

（4）服装工艺流程文件中编写的内容是否符合服装产品相关技术标准资料的要求。

（5）服装工艺流程文件中编写的内容是否按照样品试制记录及改进意见编写。

（6）服装工艺流程文件中编写的内容是否依据面辅料的检验报告和理化测试报告的内容加入。

（7）服装工艺流程文件中编写的内容是否依据面辅料的样品和确认卡设置。

2. 核实服装工艺流程的具体要求

（1）核实服装工艺流程的完整性。服装工艺流程的内容必须包括与该项生产任务有关的各个方面的资料、数据和要求，主要包括服装裁剪、缝纫、整烫、包装等工艺流程的全部资料。

（2）核实服装工艺流程的准确性。服装工艺流程的文件必须准确无误，内容明了，不可含糊不清。具体有如下要求：

①图文并茂，一目了然。在文字难以表达的部位可配上图解，并在图解中标上相关数据。

②措辞简洁、准确、严密，逻辑严谨。紧紧围绕服装工艺要求、方法和目的撰写，在说明服装工艺方法时，必须要说明服装工艺的具体要求。

③术语要做到统一化、规范化。在执行服装术语标准规定的统一用语时，如出现地方术语应配上注解。在同一份文件中的同一内容不可出现不同的术语称呼，以免产生误解，导致质量事故的发生。

（3）核实服装工艺流程的适应性。服装工艺流程文件必须符合市场经济及本企业实际生产情况，它的制订必须以确认样板的服装生产工艺文件为依据，未经实验的各种面料和各种辅料及操作方法均不可轻易列入服装工艺流程文件中，它需具有如下适应性：

①服装工艺流程要与我国技术政策及国家颁发的服装标准规定的要求相适应。

②服装工艺流程要与产品销售地区的风土人情及生活习惯相适应。

③服装工艺流程要与产品的繁简程度、批量大小、交货日期、现有的专用设备及通用设备，以及工人的技术熟练程度、生产场地、生产环境、生产能力等相适应。

服装工业制板与放码是指服装企业在批量生产的过程中，依据国家服装号型标准或服装工业订单的款式、尺寸规格的要求，先绘制好服装基础样板，然后根据服装缝制工艺要求加放缝份，标注对位点及纱向号，分配档差值并进行样板缩放，最终制作出符合订单的款式和各种规格尺寸的系列服装工业样板。服装工业制板与放码是服装企业在进行服装排料、裁剪前的一项重要的技术工作。

第三章　服装工业制板与放码

第一节　国家服装号型标准

一、服装号型概念

在服装工业制板中，服装号型规格的建立是非常重要的，它不仅是制作服装基础样板不可或缺的参考标准，更重要的是在服装企业的成衣生产中需要在基础样板上缩放出不同号型规格的系列样板，而这些号型规格都是依据国家服装号型标准确定的。

服装号型标准是我国对服装产品的规格做出的统一的技术规定，是各类服装进行规格设计的依据。我国的服装号型标准在 1972 年后开始逐步制订。1981 年，我国第一部《服装号型系列》国家标准发布，于 1982 年 1 月 1 日实施。经过多年的使用，我国系统的国家服装标准《中华人民共和国国家标准：服装号型》经国家技术监督局批准，于 1991 年 7 月 17 日发布，在 1992 年 4 月 1 日正式实施的新标准中，分为 GB/T 1335.1—1991（男子）、GB/T 1335.2—1991（女子）和 GB/T 1335.3—1991（儿童）三种号型标准（儿童标准已废止）。其中，"GB" 是 "国家标准"，由 "国标" 两字汉语拼音的首字母组成，"T" 是 "推荐使用" 中 "推" 字汉语拼音的首字母。男子、女子服装号型标准是国家强制执行的标准，是服装企业的产品进入内销市场的基本条件，而儿童标准是国家对服装企业的非强制执行的标准，企业可根据自身的情况适时使用。我国发布和实施国家服装标准的目的，一方面是发展国家的服装事业，另一方面是加快服装行业标准与国际标准接轨，有些服装企业还制定了更高要求的企业标准。1997 年 11 月 13 日，国家技术监督局发布了已修订的国家服装号型标准，1998 年 6 月 1 日实施，仍旧分 GB/T 1335.1—1997（男子）、GB/T 1335.2—1997（女子）和 GB/T 1335.3—1997（儿童）三种号型标准（均已废止）。修订的男装和女装标准都已改为推荐标准，既然是推荐的标准是否就可以不用呢？答案是否定的。如果不使用国家标准，就应该使用相应的行业标准或企业标准。

在新颁布的国家标准中，重新定义了 "号型" 的含义。"号" 指人体的身高，以厘米（cm）为单位表示，是设计和选购服装长短的依据；"型" 是指人体的胸围或者是腰围，以厘米（cm）为单位表示，是设计和选购服装宽窄的依据。国家标准根据人体（男子、女子）的胸围与腰围的差数，将体型分为四种类型，分别为 Y 型、A 型、B 型、C 型。A 型为一般的体型，Y 型为胸围大、腰围小的体型，B 型为腰围较大、微胖的体型，C 型为腰围很大的胖体体型。体型分类有利于成衣设计中胸围与腰围差数的合理运用，也为消费者在购买服装时提供了参考。新颁布的国家服装号型的四种类型，有关男女体型分类代号和胸、腰围差数数值见表 3–1。

表3–1　男女体型分类代号及胸、腰围差范围　　　　　　单位：cm

体型分类代号	Y	A	B	C
女子胸围与腰围之差	19~24	14~18	9~13	4~8
男子胸围与腰围之差	17~22	12~16	7~11	2~6

二、服装号型标注

国家标准规定服装成品上必须标明号型规格，套装中的上、下装应分别标明号型。号型的标注方法是号、型之间用斜线分开，标注方式为"号/型"，后接体型分类代号，如男子服装的170/88A、170/74A，女子服装的160/84Y、160/64Y。

从服装上标注的号型数值可以准确地判断出该服装适用的身高、胸围（或腰围），与此规格号型相近的人可以穿着，如上所列，"A"表示该服装适用于胸围与腰围的差值为12～16cm的穿着者，如男子服装170/88A表示该服装适合身高为168～172cm、净胸围为86～89cm的男性穿着。又如，"Y"则表示该服装适用于胸围与腰围的差值为19～24cm的穿着者，如女裤160/64Y表示此号型的裤子适合身高为158～162cm、净腰围为63～65cm的女性穿着，以此类推。

三、服装号型系列

把人体的号与型进行有规则的分档排列即号型系列。在最新国家服装号型标准中，服装号型系列设置以身高5cm分档，分为8档。男子标准从155cm、160cm、165cm、170cm、175cm、180cm、185cm到190cm，女子标准从145cm、150cm、155cm、160cm、165cm、170cm、175cm到180cm，组成"号"系列。

成年男子和成年女子身高以5cm分档，通常情况下，胸围以4cm分档，腰围以4cm或2cm分档，身高与胸围、腰围搭配分别组成5·4和5·2号型系列。一般来说，5·4系列和5·2系列组合使用，5·4系列常用于上装中，而5·2系列常用于下装中。这些示例再与4种体型代号搭配组成号型系列，它们是：

$$
\left.\begin{array}{l} 5\cdot4 \\ 5\cdot2 \end{array}\right\}Y \quad \left.\begin{array}{l} 5\cdot4 \\ 5\cdot2 \end{array}\right\}A \quad \left.\begin{array}{l} 5\cdot4 \\ 5\cdot2 \end{array}\right\}B \quad \left.\begin{array}{l} 5\cdot4 \\ 5\cdot2 \end{array}\right\}C
$$

在儿童号型的标准中，没有体型分类代号，而且身高为80～130cm的儿童，身高以10cm分档，胸围以4cm分档，腰围以3cm分档组成号型系列。身高为135～155cm的女童、135～160cm的男童，身高以5cm分档，胸围以4cm分档，腰围以3cm分档，组成号型系列。

四、服装号型的内容及应用

1. 服装号型的内容

国家实施的新服装标准中编制了各系列的控制部位数值表，控制部位共有10个，即身高、颈椎点高、坐姿颈椎点高、全臂长、腰围高、胸围、颈围、总肩宽、腰围、臀围，它们的数值都是以"号"和"型"为基础确定的，首先以中间体的规格确定中间号型的数值，然后按照各自不同的规格系列，通过缩放形成全部的规格系列。所谓"中间体"又叫作"标准体"，是在人体测量调查中筛选出来的，它是具有代表性的人体数据。

服装号型标准中规定的数值是人体主要控制部位的净体尺寸，并没有限定服装的产品规格，所以在实际应用中，企业应当以新发布的号型标准为依据，并结合具体的穿着要求和款式造型特点，确定相应的服装成品规格。男子和女子号型系列控制部位数值见表3-2～表3-9。

表3-2　男子5·4、5·2Y号型系列控制部位数值　　　　　　　　　　　单位：cm

部位	数值							
身高	155	160	165	170	175	180	185	190
颈椎点高	133.0	137.0	141.0	145.0	149.0	153.0	157.0	161.0
坐姿颈椎点高	60.5	62.5	64.5	66.5	68.5	70.5	72.5	74.5
全臂长	51.0	52.5	54.0	55.5	57.0	58.5	60.0	61.5
腰围高	94.0	97.0	100.0	103.0	106.0	109.0	112.0	115.0
胸围	76	80	84	88	92	96	100	104
颈围	33.4	34.4	35.4	36.4	37.4	38.4	39.4	40.4
总肩宽	40.4	41.6	42.8	44.0	45.2	46.4	47.6	48.8
腰围	56　58	60　62	64　66	68　70	72　74	76　78	80　82	84　86
臀围	78.8　80.4	82.0　83.6	85.2　86.8	88.4　90.0	91.6　93.2	94.8　96.4	98.0　99.6	101.2　102.8

表3-3　男子5·4、5·2A号型系列控制部位数值　　　　　　　　　　　单位：cm

部位	数值								
身高	155	160	165	170	175	180	185	190	
颈椎点高	133.0	137.0	141.0	145.0	149.0	153.0	157.0	161.0	
坐姿颈椎点高	60.5	62.5	64.5	66.5	68.5	70.5	72.5	74.5	
全臂长	51.0	52.5	54.0	55.5	57.0	58.5	60.0	61.5	
腰围高	93.5	96.5	99.5	102.5	105.5	108.5	111.5	114.5	
胸围	72	76	80	84	88	92	96	100	104
颈围	32.8	33.8	34.8	35.8	36.8	37.8	38.8	39.8	40.8
总肩宽	38.8	40	41.2	42.4	43.6	44.8	46.0	47.2	48.4
腰围	56　58　60	60　62　64	64　66　68	68　70　72	72　74　76	76　78　80	80　82　84	84　86　88	88　90　92
臀围	75.6　77.2　78.8	78.8　80.4　82.0	82.0　83.6　85.2	85.2　86.8　88.4	88.4　90.0　91.6	91.6　93.2　94.8	94.8　96.4　98.0	98.0　99.6　101.2	101.2　102.8　104.4

单位：cm

表3-4　男子5·4、5·2B号型系列控制部位数值

部位	数值							
身高	155	160	165	170	175	180	185	190
颈椎点高	133.5	137.5	141.5	145.5	149.5	153.5	157.5	161.5
坐姿颈椎点高	61.0	63.0	65.0	67.0	69.0	71.0	73.0	75
全臂长	51.0	52.5	54.0	55.5	57.0	58.5	60.0	61.5
腰围高	93.0	96.0	99.0	102.0	105.0	108.0	111.0	114.0

部位	数值										
胸围	72	76	80	84	88	92	96	100	104	108	112
颈围	33.2	34.2	35.2	36.2	37.2	38.2	39.2	40.2	41.2	42.2	43.2
总肩宽	38.4	39.6	40.8	42.0	43.2	44.4	45.6	46.8	48.0	49.2	50.4

部位	数值																					
腰围	62	64	66	68	70	72	74	76	78	80	82	84	86	88	90	92	94	96	98	100	102	104
臀围	79.6	81	82.4	83.8	85.2	86.6	88	89.4	90.8	92.2	93.6	95	96.4	97.8	99.2	100.6	102	103.4	104.8	106.2	107.6	109

单位：cm

表3-5　男子5·4、5·2C号型系列控制部位数值

部位	数值							
身高	155	160	165	170	175	180	185	190
颈椎点高	134.0	138.0	142.0	146.0	150.0	154.0	158.0	162.0
坐姿颈椎点高	61.5	63.5	65.5	67.5	69.5	71.5	73.5	75.5
全臂长	51.0	52.5	54.0	55.5	57.0	58.5	60.0	61.5
腰围高	93.0	96.0	99.0	102.0	105.0	108.0	111.0	114.0

部位	数值										
胸围	76	80	84	88	92	96	100	104	108	112	114
颈围	34.6	35.6	36.6	37.6	38.6	39.6	40.6	41.6	42.6	43.6	44.6
总肩宽	39.2	40.4	41.6	42.8	44.0	45.2	46.4	47.6	48.8	50.0	51.2

部位	数值																					
腰围	70	72	74	76	78	80	82	84	86	88	90	92	94	96	98	100	102	104	106	108	110	112
臀围	81.6	83.0	84.4	85.8	87.2	88.6	90	91.4	92.8	94.2	95.6	97.0	98.4	99.8	101.2	102.6	104.0	105.4	106.8	108.2	109.6	111

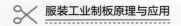

服装工业制板原理与应用

表3-6　女子5·4、5·2Y号型系列控制部位数值　　　　　　　　　　　　　　　　　单位：cm

部位	数值															
身高	145		150		155		160		165		170		175		180	
颈椎点高	124.0		128.0		132.0		136.0		140.0		144.0		148.0		152.0	
坐姿颈椎点高	56.5		58.5		60.5		62.5		64.5		66.5		68.5		70.5	
全臂长	46.0		47.5		49.0		50.5		52.0		53.5		55.0		56.5	
腰围高	89.0		92.0		95.0		98.0		101.0		104.0		107.0		110.0	
胸围	72		76		80		84		88		92		96		100	
颈围	31.0		31.8		32.6		33.4		34.2		35.0		35.8		36.6	
总肩宽	37.0		38.0		39.0		40.0		41.0		42.0		43.0		44.0	
腰围	50	52	54	56	58	60	62	64	66	68	70	72	74	76	78	80
臀围	77.4	79.2	81.0	82.8	84.6	86.4	88.2	90.0	91.8	93.6	95.4	97.2	99.0	100.8	102.6	104.4

表3-7　女子5·4、5·2A号型系列控制部位数值　　　　　　　　　　　　　　　　　单位：cm

部位	数值																							
身高	145			150			155			160			165			170			175			180		
颈椎点高	124.0			128.0			132.0			136.0			140.0			144.0			148.0			152.0		
坐姿颈椎点高	56.5			58.5			60.5			62.5			64.5			66.5			68.5			70.5		
全臂长	46.0			47.5			49.0			50.5			52.0			53.5			55.0			56.5		
腰围高	89.0			92.0			95.0			98.0			101.0			104.0			107.0			110.0		
胸围	72			76			80			84			88			92			96			100		
颈围	31.2			32.0			32.8			33.6			34.4			35.2			36.0			36.8		
总肩宽	36.4			37.4			38.4			39.4			40.4			41.4			42.4			43.4		
腰围	54	56	58	58	60	62	62	64	66	66	68	70	70	72	74	74	76	78	78	80	82	82	84	86
臀围	77.4	79.2	81.0	81.0	82.8	84.6	84.6	86.4	88.2	88.2	90.0	91.8	91.8	93.6	95.4	95.4	97.2	99.1	99.1	100.8	102.6	102.6	104.4	101.2

表3-8　女子5·4、5·2B号型系列控制部位数值

单位：cm

部位	数值							
身高	145	150	155	160	165	170	175	180
颈椎点高	124.5	128.5	132.5	136.5	140.5	144.5	148.5	152.5
坐姿颈椎点高	57.0	59.0	61.0	63.0	65.0	67.0	69.0	71.0
全臂长	46.0	47.5	49.0	50.5	52.0	53.5	55.0	56.5
腰围高	89.0	92.0	95.0	98.0	101.0	104.0	107.0	110.0

部位	数值										
胸围	68	72	76	80	84	88	92	96	100	104	108
颈围	30.6	31.4	32.2	33.0	33.8	34.6	35.4	36.2	37.0	37.8	38.6
总肩宽	34.8	35.8	36.8	37.8	38.8	39.8	40.8	41.8	42.8	43.8	44.8

部位	数值																					
腰围	56	58	60	62	64	66	68	70	72	74	76	78	80	82	84	86	88	90	92	94	96	98
臀围	78.4	80.0	81.6	83.2	84.8	86.4	88.0	89.6	91.2	92.8	94.4	96.0	97.6	99.2	100.8	102.4	104.0	105.6	107.2	108.8	110.4	112.0

表3-9　女子5·4、5·2C号型系列控制部位数值

单位：cm

部位	数值							
身高	145	150	155	160	165	170	175	180
颈椎点高	124.5	128.5	132.5	136.5	140.5	144.5	148.5	152.5
坐姿颈椎点高	56.5	58.5	60.5	62.5	64.5	66.5	68.5	70.5
全臂长	46.0	47.5	49.0	50.5	52.0	53.5	55.0	56.5
腰围高	89.0	92.0	95.0	98.0	101.0	104.0	107.0	110.0

部位	数值											
胸围	68	72	76	80	84	88	92	96	100	104	108	112
颈围	30.8	31.6	32.4	33.2	34.0	34.8	35.6	36.4	37.2	38.0	38.8	39.6
总肩宽	34.2	35.2	36.2	37.2	38.2	39.2	40.2	41.2	42.2	43.2	44.2	45.2

部位	数值																							
腰围	60	62	64	66	68	70	72	74	76	78	80	82	84	86	88	90	92	94	96	98	100	102	104	106
臀围	78.4	80.0	81.6	83.2	84.8	86.4	88.0	89.6	91.2	92.8	94.4	96.0	97.6	99.2	100.8	102.4	104.0	105.6	107.2	108.8	110.4	112.0	113.6	115.2

2. 服装号型的应用

"号"和"型"的分档数值与每个人实际的身形特征并不完全相符，所以对号型服装的选购，可采用"上、下接近"的方法。例如，170 号服装适合身高为 168 ～ 172cm 的人穿着，对于身高介于两个号之间的消费者来说，则可根据自己的衣着习惯和要求，在其上、下两个号中选购。对"型"的选购方法也是如此。男、女各体型中间体的确定见表 3-10。

表3-10　男、女各体型中间体的确定　　　　　　　　　　　　单位：cm

体型		Y	A	B	C
男子	身高	170	170	170	170
	胸围	88	88	92	96
	腰围	70	74	84	92
女子	身高	160	160	160	160
	胸围	84	84	88	88
	腰围	64	68	78	82

第二节　成衣规格设计

制定服装工业样板是服装企业在服装裁剪工作中首先要解决的问题。制作一套规格从小到大的系列化服装工业样板，是成衣生产中的一个重要技术环节。样板一经制定，裁剪、缝制等部门都要严格地按照样板部门的要求进行加工，样板的制作准确与否在一定程度上决定着成衣的质量和商品性能。制定服装工业样板的前提是要对投入生产的品种进行规格设计。《中华人民共和国国家标准：服装号型》是对各类服装进行规格设计的重要依据。

一、成衣规格尺寸设计要点

成衣规格尺寸设计是指以服装号型为依据，对具体的产品设计出成衣规格的数据。

1. 商品性

成衣规格设计必须以服装号型为依据。成衣是一种商品，必须考虑能否适应多数地区和多数人的体型和规格要求，它和"量体裁衣"完全是两种不同的概念，个别的或部分人的体型和规格要求，不能作为成衣规格设计的依据，只能作为一种信息的来源和参考。

2. 相对性

成衣规格设计必须依据具体产品的款式和风格造型等特定要求进行相应的规格设计。因此，规格设计是反映产品特点的有机组成部分，同一号型的不同产品，可以有不同的规格设计，要具有鲜明的相对性和灵活性。

二、控制部位尺寸设计

控制部位是指服装与人体曲面相吻合的主要部位。上装除了衣长的尺寸和胸围的尺寸外，还设置了总肩宽、袖长和领围，共五个尺寸控制部位。下装除了裤长的尺寸和腰围的尺寸外，还设置了臀围，共三个尺寸控制部位。服装号型和控制部位的数值，既是设计服装细部规格的依据，也是检测成品规格的依据。由于我国幅员辽阔，气候差异较大，各个地区的衣着方式和习惯也有所不同，在设计各种服装规格的时候，可根据地区特点、衣着对象和不同款式等具体情况，因地制宜，灵活掌握。

成衣规格设计实际上就是对规定的各个控制部位的规格设计。下面是以国家标准中的部分常用服装的规格为基础，对常见的男、女上装和下装的规格设计，在此提供一些大致的计算和取值的方法供大家参考和借鉴，具体见表3-11～表3-13。

表3-11　男上装规格计算表　　　　　　　　　　　　　　　　　　　　　　单位：cm

品名	规格				
	衣长	胸围	总肩宽	袖长	领围
中山装	$\frac{2}{5}$号+（4～6）	型+（20～22）	$\frac{3}{10}B$+（12～13）	$\frac{3}{10}$号+（9～11）	$\frac{3}{10}B$+8
西服	$\frac{2}{5}$号+（6～8）	型+（16～18）	$\frac{3}{10}B$+（13～14）	$\frac{3}{10}$号+（7～9）	$\frac{3}{10}B$+10
夹克衫	$\frac{2}{5}$号+（2～6）	型+（18～20）	$\frac{3}{10}B$+（12～13）	$\frac{3}{10}$号+（8～10）	$\frac{3}{10}B$+9
衬衫	$\frac{2}{5}$号+（2～4）	型+（20～22）	$\frac{3}{10}B$+（12～13）	$\frac{3}{10}$号+（7～9）	$\frac{3}{10}B$+6
马甲	$\frac{2}{5}$号-（8～10）	型+10	—	—	—
短大衣	$\frac{2}{5}$号+（12～16）	型+（26～30）	$\frac{3}{10}B$+（12～13）	$\frac{3}{10}$号+（11～13）	$\frac{3}{10}B$+9
长大衣	$\frac{2}{5}$号+（14～20）	型+（28～32）	$\frac{3}{10}B$+（13～14）	$\frac{3}{10}$号+（12～14）	$\frac{3}{10}B$+10

表3-12　女上装规格计算表　　　　　　　　　　　　　　　　　　　　　　单位：cm

品名	规格				
	衣长	胸围	总肩宽	袖长	领围
西服	$\frac{2}{5}$号+2	型+（14～16）	$\frac{3}{10}B$+（11～12）	$\frac{3}{10}$号+（5～7）	$\frac{3}{10}B$+9
衬衫	$\frac{2}{5}$号	型+（12～14）	$\frac{3}{10}B$+（10～11）	$\frac{3}{10}$号+（4～6）	$\frac{3}{10}B$+7
马甲	$\frac{2}{5}$号-10	型+12	—	—	—
旗袍	$\frac{2}{5}$号-8	型+（12～14）	$\frac{3}{10}B$+（10～11）	$\frac{3}{10}$号+2中袖	$\frac{3}{10}B$+8
连衣裙	$\frac{2}{5}$号+（4～8）	型+（12～14）	$\frac{3}{10}B$+（10～11）	$\frac{3}{10}$号+4短袖	—
春秋衫	$\frac{2}{5}$号+（2～4）	型+（15～20）	$\frac{3}{10}B$+（11～12）	$\frac{3}{10}$号+（5～7）	$\frac{3}{10}B$+9
短大衣	$\frac{2}{5}$号+（6～8）	型+（18～24）	$\frac{3}{10}B$+（12～13）	$\frac{3}{10}$号+（7～9）	$\frac{3}{10}B$+9
长大衣	$\frac{2}{5}$号+（8～16）	型+（20～26）	$\frac{3}{10}B$+（12～13）	$\frac{3}{10}$号+（8～10）	$\frac{3}{10}B$+10

表3-13 男、女下装规格计算表 单位：cm

品名	规格		
	裤（裙）长	腰围	臀围
男西裤（长）	$\frac{3}{5}$号+（2~4）	型+（2~6）	$\frac{4}{5}$腰围+（40~44）
男西裤（短）	$\frac{2}{5}$号-（6~7）	型+2	$\frac{4}{5}$腰围+（38~42）
女西裤（长）	$\frac{3}{5}$号+（6~8）	型+（2~4）	$\frac{4}{5}$腰围+（42~46）
女西裤（短）	$\frac{3}{5}$号-（2~6）	型+2	$\frac{4}{5}$腰围+（40~44）
西装裙	$\frac{3}{5}$号+（1~10）	型+2	$\frac{4}{5}$腰围+（40~44）

以上各表所列举的常见服装的规格（表中 B 为胸围的代码，"号"代表身高，"型"代表胸围或腰围），主要是各个控制部位的比值设计，可用于成衣规格设计参考，表格中的常数为可调节量，在实际生产中可以依据具体产品的款式和造型等特点灵活变化。

关于服装各控制部位的比值设计，在我国发布的第一部《服装号型系列》中有详细的论述可供查阅。上述各表中提供的各种服装的规格设计，在原书基础上略有增补和调整。

第三节　缩水率对服装工业制板的影响

机织物缩水与针织物缩水对成衣生产有着相当大的影响，而针织物的成品缩水率相对较大。不同纤维织物的缩水率不同，加上各种面料的服装均成批生产，无法在成衣制作前对面料预缩水，因此在确定各种不同纤维、不同组织结构的产品规格时，应首先考虑到缩水率的因素。

一、成品缩水率

成品缩水率是指各种不同面料的服装经过洗涤以后成品规格收缩程度的比率。各种不同的织物面料，无论是天然纤维还是化学纤维和混纺纤维，在织造和染整过程中，由于机械的作用力使纱线或多或少地被拉长，以及织物线圈的状态不同，从而产生了潜在的缩水率，当织物下水洗涤时，伸长的部分就会收缩，造成织物缩水的结果。不同纤维、不同织物的缩水率都不相同，均可以通过测试确定。

二、缩水率的测试方法

1. 机织面料测试方法

在同一匹布上剪出 60cm × 60cm 的布料两块，去掉两边的布边，用彩色笔标出 50cm × 50cm 四方线条记号，可采用水浸、喷水湿烫、干烫等方法测试，一般控制在 15 ～ 20 分钟，时间也可稍长些，待其晾干或冷却后进行测量，得出收缩量（线条记号不能因水洗后脱落而导致看不清记号的存在）。

2. 针织面料成品缩水率测试方法

将经过 24 小时以后的针织织物坯布剪裁缝制成衣后，停放 6 小时以上再测量成品各部位规格尺寸。确认其符合产品规格以后，再选择符合产品规格参数的若干件成衣进行洗涤（洗涤时应按照物理实验的规范进行）。经过晾晒、干燥后测量其规格，把洗涤前测量所得数据的平均值和洗涤后测量所得数据的平均值进行计算，求出成品缩水率。

3. 缩水率计算公式

缩水率（成品缩水率）用 R（%）表示，洗水前规格（成品洗水前规格）用 M 表示，洗水后规格（成品洗水后规格）用 N 表示，缩水率计算公式如下：

$$R = \frac{M - N}{M} \times 100\%$$

例 1：已知一块牛仔面料，经纱洗水前的规格是 50cm，洗水后测量的规格是 45cm。纬纱洗水前的规格是 50cm，洗水后测量的规格是 48cm，求经纬纱的缩水率是多少。

$$经纱 \ R = \frac{50 - 45}{50} \times 100\% = 10\%$$

$$纬纱 \ R = \frac{50 - 48}{50} \times 100\% = 4\%$$

例 2：已知某全棉棉毛的短袖衫，衣长洗涤前是 68cm，洗涤后是 63.24cm，求全棉棉毛的短袖衫经纱（长度）成品的缩水率是多少。

$$R = \frac{68 - 63.24}{68} \times 100\% = 7\%$$

注：缩水率参数必须经过反复采样测试以后才能确定。

4. 热缩率

在服装加工中还有一个要注意的问题是热缩率，所谓热缩率就是服装材料遇热后的收缩百分比。因为很多服装材料经过热粘合、熨烫等工艺之后都会出现一定比例的收缩，所以在服装制板时一定要考虑热缩率这个问题。

三、缩水率与成品规格的换算

成品规格的确定必须要考虑到成品缩水率。在服装工业制板时，应增加面料的缩水量，根据测试的数据，把面料的经纱和纬纱缩水量加入服装工业样板中。

根据前文的公式可推导出公式：$$N = \frac{M}{1 - R}$$

例：男西裤的裤长规格为 102cm，经向缩水率是 3%，求男西裤裤长洗水前的尺寸是多少（小数点后面数可四舍五入）。

$$N = \frac{102}{1 - 3\%} = 105.1546 \approx 105（cm）$$

服装工业制板缩水率计算方法实例见表 3-14。

表3-14　服装工业制板缩水率计算方法实例　　　　　　　　　　　　　　　单位：cm

款式	部位	成品规格	工业制板增加缩水率的计算方法
西裤	裤长	102	$\frac{102}{1-3\%} \approx 105$
	腰围	76	$\frac{76}{1-2\%} \approx 77.5$
	臀围	104	$\frac{104}{1-2\%} \approx 106$
	脚口围	42	$\frac{42}{1-2\%} \approx 43$
西服	衣长	72	$\frac{72}{1-3\%} \approx 74$
	胸围	110	$\frac{110}{1-2\%} \approx 112$
	袖长	60	$\frac{60}{1-3\%} \approx 62$
	腰节长	42	$\frac{42}{1-3\%} \approx 43$

第四节　服装工业样板放码

一、服装工业样板放码原理

在成衣工业化生产中，同一种款式的服装生产有不同的规格尺寸，它们均可通过服装制板的方式来完成。但是，在服装工业化批量生产的过程中，不允许每个规格都打制样板，原因是单独绘制同一款式的每一个规格的样板有可能会造成服装板型的不一致，而且既费工费时，造成人力资源的浪费，又不符合服装工业批量的生产要求。因此，企业要制作同一款式的不同规格尺寸和号型的服装系列样板，这一制作过程称为服装样板的"缩放""放码"或"推板""推档"。采用"放码"技术不但能很好地掌握各种规格尺寸或服装号型系列变化的规律，使生产使用的板型结构一样，而且有利于提高制板的速度和质量，使生产和质量管理更科学、更规范。服装工业制板与放码是一项技术性很强的工作，在工作态度上要求认真、仔细，产品质量上要求准确无误。

对服装工业化生产的样板进行放码是制作系列样板最科学、最实用的方法。成衣面对的是众多的消费者，而消费者的体型又不尽相同，因此同一款式的服装需要生产不同的规格尺寸才能满足不同体型的消费者的需求。对于成衣化工业生产来说，这就需要制作同一款式不同规格尺寸的系列样板。用标准的服装样板进行放码来制作系列样板的方法，有其科学性和优越性，具体表现在速度快、误差小，而且可以把若干个档的规格样板绘制在一张图纸上，便于保管和归档。

服装工业样板放码是指以某一档规格的样板为基础（标准样板），按照规格的档差数和缩放数值进行有规律地扩大或缩小。所谓标准的服装样板，是指最先制定好的一套样板，经过试制后，得到客户确认或符合技术标准要求的服装样板。

二、服装工业样板放码方法

（一）常见服装工业样板放码方法

服装工业样板的缩放俗称服装样板放码，它的方法有很多种，但最基本、最常见的有以下三种。

1. 逐个码放码法

逐个码放码法即以中间规格的样板为基础，将原样按垂直、水平的方向放大或缩小，采用"推一档、制一档"的方法，制出各档规格的服装样板。有的被称为手放法、推剪法、缩放法等。该方法的优点是较灵活，适合有规律或无规律的"跳档"缩放，速度较快；缺点是码数较多时，可能存在一定误差。

2. 总图放码法

总图放码法又被称为档差比例分配法、等分法、射线法，有时也被称为透视图法、推画制图法、一图全号法等。该方法是在服装标准样板的基础上，根据数学相似形原理和坐标平移的原理，按照各规格之间差数和号型系列之间的差数，将全套纸样画在一张样板纸上，再依此画出并复制出各种号型系列和服装工业生产订单（通知单、制造单）上的规格系列服装样板。还可以采用小码和大码的样板规格为基础，通过档差数和缩放数值的计算，在图上绘出大码或小码的规格样板，然后通过逐次等分，制出中间各档规格的样板。

3. 计算机放码法

计算机放码法是指借助某种计算机制板软件来完成服装各种规格尺寸样板的缩放，最后通过喷墨绘图机输出服装系列样板，此方法目前在很多服装企业使用，既省时又省力。计算机放码并非全自动化的，一般需要操作放码的人有一定的放码知识和经验，才可以较好地完成放码工作。使用计算机放码不但能大大缩短排唛架和剪切样板的时间，而且让修改服装样板变得更为快捷。

（二）确定档差数

服装各部位的档差数，主要是根据尺寸单上的要求，依照大小码之间的差数值进行服装系列样板的缩放（表3-15、表3-16），服装各部位的档差数是进行服装系列样板推放的依据。"档差数"顾名思义即一个档的规格与另一个相邻档的规格之间的差数，如小码（S）、中码（M）、大码（L），三档胸围规格为100cm（S）、104cm（M）、108cm（L），其胸围规格档差数是4cm。再如，领围规格为39cm（S）、40cm（M）、41cm（L），领围之间的档差数是1cm。在表3-2～表3-9中各部位的控制部位数值分档采用数在缩放中也非常有用，它们就是我们经常说的"档差"。

表3-15　上装各部位档差数表　　　　　　　　　　　　　　　　　　单位：cm

部位	规格					
	XS	S	M	L	XL	档差
衣长	70	72	74	76	78	2
胸围	106	110	114	118	122	4
肩宽	44.8	46	47.2	48.4	49.6	1.2
腰节长	41	41.5	42	42.5	43	0.5
领围	38	39	40	41	42	1
袖长	56.5	58	59.5	61	62.5	1.5
袖口围	45	46	47	48	49	1

表3-16　下装各部位档差数表　　　　　　　　　　　　单位：cm

规格	部位					
	裤长	腰围	臀围	上裆长	横裆宽	脚口围
S	97	74	98.4	23.5	66	41
M	100	76	100	24	68	42
L	103	78	101.6	24.5	70	43
档差	3	2	1.6	0.5	2	1

（三）确定放码标准样板、公共线及放码数

1. 确定服装标准样板

在进行服装放码时，不管采取什么样的方法都需要先有一个服装标准样板，这是共同点，但选用的服装标准样板规格不同，这又是它们的不同点。总图缩放法的服装标准样板应选择小号或者大号规格的样板，因为总图缩放法是在最小和最大规格确定之后，寻求中间各档规格。而逐个码放码法的服装标准样板应选择中间规格的服装样板，因为采用中间规格的服装标准样板进行缩放，会使服装标准样板的利用率增加，减少误差率。

2. 确定服装样板放码的公共线

服装样板放码公共线是不管采用哪一种方法进行放码都要确定的。公共线或基准线是指选一条轮廓线或主要辅助线作为各档样板的重合线条，也就是在缩放过程中，几个规格档的服装样板所共同使用的线条，是重叠不动的线条。选择公共线的原则是：让服装样板缩放更为方便、快捷，容易理解。设置公共线的条件是：公共线必须是直线或曲率非常小的弧线，公共线应采用纵、横方向的线条，并且相互垂直，也是通常所讲的服装样板缩放的"不动点"。表3-17可作为选择缩放公共线的参考。

表3-17　可作为放码公共线的结构线

服装	部位	方向	结构线
上装	衣身	经向	前、后中心线，胸宽线、背宽线
		纬向	上平线（衣长线）、胸围线、下平线（下摆线）
	衣袖	经向	前袖弯直线（偏袖线）、袖肥平分线
		纬向	袖肥线、袖肘线、袖山高线（袖上平线）、袖口线（袖下平线）
	衣领	经向	领中线
		纬向	领宽线
下装	裤类	经向	前、后裤中线（烫迹线），外侧缝线
		纬向	上平线（腰口线）、臀围线、横裆线、裤长线（下平线）
	裙类	经向	前、后中心线，侧缝线
		纬向	上平线、臀围线

3. 确定放码数

如何将服装制单上全套规格尺码依据所放码的档差数值合理进行样板的放码？在进行样板放码时，不仅需以档差数值为依据，还需充分考虑如何将比例分配值合理分配在样板部位的某个点以及向某个方向进行缩放。另外，还要根据服装的结构（部位组合）、造型（人体体型），按照不同方向、不同比例，或上下，或前后，或左右地进行档差数值分配，使之更为科学、合理。计算放码数也有多种方法，下面列举两种放码数的计算方法。第一种计算公式指沿服装样板某一部位点的纵向或者横向求比例分配值时采用的计算方法，依据服装样板比例求取。计算公式如下：

$$放码数 = \frac{档差数}{开格数} \pm 常数（调节量）$$

注：开格数是指在绘制服装样板时，服装某部位尺寸的计算方法。

例：某款女裤臀围规格为 100cm，臀围档差数为 4cm，求该款女裤样板的立裆深是多少，立裆放码数是多少。

$$立裆深 = \frac{H（臀围）}{4} - 1 = 24（cm）$$

$$放码数 = \frac{4}{4} - 0.5 = 0.5（cm）$$

最终得出立裆纵向的放码数是 0.5cm。该计算方法的优点简便，易于计算，缺点是对于减去值（调整量）大小的确定，初学者很难把握。

另一种计算公式是指将服装样板结构的线段长与总长之比（即比率分配法）乘以规格档差数来求解放码点的纵横向比例分配值。这种方法的优点是求放码数精确，避免了后面加减常数。计算公式如下：

$$放码数 = \frac{某段数值}{某段总数} \times 某段档差数$$

例：已知裤长为 100cm，档差数为 2cm，样板立裆的结构数长度是 24cm，求立裆的纵向和裤内侧缝长的纵向放码数是多少。

立裆放码数计算如下：

$$\frac{24}{100} \times 2 = 0.48 \approx 0.5（cm）$$

由此计算出立裆纵向的放码数是 0.5cm。

裤内侧缝长放码数计算如下：

$$\frac{100-24}{100} \times 2 = 1.52 \approx 1.5（cm）$$

由此计算出裤内侧缝长纵向的放码数是 1.5cm。立裆纵向放码与裤内侧缝长纵向放码数相加等于 2cm，这就达到裤长所需放码值 2cm 的要求。由于分配值被合理分配到立裆的纵向和内长的纵向上，保证了放码的档差数值和造型没有改变。

三、服装工业样板放码要求

（1）将服装各部位规格的档差数值按比例进行分配，并根据需要放码，放码后的规格系列样板应与服装标准样板的造型、款式相似或相同。

（2）进行服装样板放码时，对样板各部位放码的比例分配值只能在与放码"不动点"垂直或水平的方向上取其交点进行放码，而不能在斜线上取其交点进行放码。

（3）若服装某一部位的档差数被分配在该部位样板的多条分割线的缝份中，需注意，分配在某部位缝份中的档差比例分配值之和等于该部位放码的档差数。例如，八片式女西装的胸围档差数是4cm，进行计算后，它的档差比例分配值需分配在女西装的八片胸围线上每个位置的缝份部位中，因此，每片胸围的放码量是：前衣片为0.6cm、前侧片为0.4cm、后片为0.6cm、后侧片为0.4cm。这几个比例分配数值相加要等于胸围缩放档差的规格档差数即4cm（以上样片均需2片）。

（4）对于两个有相互关系的部位，如肩斜和袖窿深两个部位、领口深和袖窿深两个部位等。在进行样板缩放推移时，如果方向相反，档差数大的部位按档差数值放码，档差数小的部位放码值、放码方向要与档差数大的部位方向保持一致。

（5）对于某些辅助线或辅助点，如在腰节线、袖肘线、中档线等处进行放码时，也需要根据服装的长度比例进行放码，但这些辅助部位的放码数不能加在部位档差数的"和"之内。

四、服装工业样板放码注意事项

（1）首先检查缩放母板（即标准样板），必须确保服装标准样板的板型符合工业订单中所规定的技术标准和客户所认可的一切要求，否则，修改后才可进行样板的放码。

（2）服装工业样板放码一般是在加放了缝份和回缩率的样板（即毛样样板）上进行放码，否则将会浪费很多时间去完善每个规格样板的缝份和回缩率，从而影响工作效率及缩放后的服装样板质量。

（3）由于不动点可以设在服装样板上的任何位置，在选择时，需考虑样板放码的便捷性和准确性。

（4）当进行服装样板围度的放码时，必须在水平方向进行；进行服装样板长度的放码时，必须在垂直方向进行。

（5）服装样板放码后，需检查样板数量是否齐全，并检查每片样板上是否标明了服装的款项号，面料的经纬向符号以及规格（码数）和数量等。

（6）服装样板放码后，需结合服装的款式检查样板的外形，无论缩放多少个规格样板，服装板型的形态必须保持不变。

（7）服装样板放码后，需检查所有样板的缝合部分是否相互吻合、圆顺并满足缝制要求。例如，袖山弧线与袖窿弧线的匹配度、领脚弧线与领口弧线的匹配度、前后衣片的侧缝线的匹配度、前后下摆弧线的匹配度、前后小肩宽的匹配度、裤子的内外侧缝线的匹配度等。

（8）当完成所有规格的服装样板缩放并制作成样板之后，还须按标准样板在相应的位置上打上"刀眼"和"孔眼"（俗称对位点、打牙口）。

第五节　服装制板与工艺流程

一、分析订单和样衣

　　服装工业订单在企业与客户之间的实质是一份合同，企业各个部门都要严格按照服装工业订单上的规定和要求去执行，它又被称为服装生产通知单。服装制板师对订单分析的内容包括缝制工艺制作说明、面料的使用及特性、各部位的测量方法及尺寸的大小、尺寸之间的相互匹配度等。另外，还要分析订单上的款式图或示意图，从中了解服装款式的结构，有样衣的还要分析样衣的结构造型、缝制工艺，并结合工作经验对同类款式进行比较，对于某些部位不合理的结构，在绘制样板时直接作调整和修改。服装工业订单（服装生产通知单）示例见表3-18。

表3-18　服装工业订单示例
中山某制衣有限公司生产通知单

临时编号：GB-2019-6-17　　　　　　　　　　　　　　　　　　　　文件编号：GB-6-17

订单编号：ARB—4971		客户编号：**		裁床完成日期：*月*日		备注： 缩水率：经纱向4% 纬纱向3%
款　　号：FG-050617		是否加急：正常		车间完成日期：*月*日		
款式名称：男休闲裤		面料名称：斜纹全棉布		洗水完成日期：*月*日		
订货日期：*月*日		交货日期：*月*日		包装完成日期：*月*日		

预裁数量： 200条		码数	XS	S	M	L	XL		
		唛架比例	3	4	4	3	2		
唛架长： 11.33m	封度： 146cm	实裁数量	38条	50条	50条	37条	25条		
尺寸号： A2850		腰围	72cm	76cm	80cm	84cm	88cm		
		臀围	94cm	98cm	102cm	106cm	110cm	档上8.5cm处量	
预计用布数量： 178码（162.8m）		横裆宽	59cm	61cm	63cm	65cm	67cm	裆底处测量	
		脚口围	36cm	38cm	40cm	42cm	44cm		
洗水方法： 普洗		前裆弧长	29cm	30cm	31cm	32cm	33cm	连腰头	
		后裆弧长	37cm	38cm	39cm	40cm	41cm	连腰头	
实际用布数量： 139码（127.1m）		裤内长	74cm	75cm	76cm	77cm	78cm		
		腰头宽	3.5cm	3.5cm	3.5cm	3.5cm	3.5cm		
出裁日期： *月*日		拉链长	17.8cm	17.8cm	17.8cm	17.8cm	17.8cm		

面线	N381-402	商标	HM19+HM20	纽扣	HA3#3	袋布	白平布
底线	N310-402	拉链	185#	钉	无	包装方法	烫折

续表

套结线	N381-402	绣花	无	铸件	无	吊牌	HZ3+HZ4
拷边线	N310-402	橡皮筋	无	皮牌	无	胶袋	48#38cm
凤眼线	N381	魔术贴	无	鸡眼	无	面料成分	100%棉
制造车间	**车间	黏合衬	80G	胶针	无	纸箱	68×40×44（长×宽×高）

工艺要求：

1.腰头

宽3.8cm，包边，单线封腰头边、平角，上下车单线，锁凤眼1粒，腰头全长102cm，共有8个串带，串带长5.2cm，宽1cm，打上明的套结线

2.前幅

（1）单线袋条宽0.6cm，袋口上、下打明的套结线

（2）前幅2个褶位，长褶位4cm（连缝位），上大（2cm）下小（1.8cm）；短褶位3.5cm（连缝位），上大（1.5cm）下小（1.3cm）

（3）拉链面线为单线

（4）边单针车缝链牌，链牌宽3.5cm，链牌打明的套结线2粒

（5）边单线埋前上裆，拉链布外露宽0.3cm

（6）边单线埋前下裆至链牌线上0.6cm

3.后幅

（1）后幅车2个省道，省道车好后长6.5cm

（2）后裆包布边，左包右

（3）后幅开2个双嵌线袋，袋线总宽度为1cm，袋四周车边单线，袋口两端打明的套结线4粒，袋口与袋布拼合压0.6cm单线。

大码开袋尺寸：长15cm×宽1cm；小码开袋尺寸：长14cm×宽1cm

4.尺码唛缝制在前袋布上，位置含缝份计，距袋口2cm，距横裆缝边0.6cm，车缝袋衬单线时不可压在唛头上，横唛车缝在右袋口上1cm

5.粘衬料位置：腰头、前裆链牌位置、开袋位、袋嵌线

二、选定规格尺寸、绘制服装样板

制板师对服装工业订单进行分析后，需要确定相应的制板方法进行制板。制板时一般按照服装工业订单上的规格尺寸，以中码（M码）尺寸或者中间标准号型进行制板，原因是可以方便缩放出其他规格的码数。男休闲裤制图规格尺寸见表3-19。

表3-19　男休闲裤制板尺寸表　　　　　　　　　　　　　　　　单位：cm

部位	腰围	前裆弧长	后裆弧长	横裆宽	脚口围	内长	腰头宽	拉链长
制板尺寸	80	31	39	63	40	76	3.5	18
缩放档差	4	1	1	2	2	1	0	0

三、出头板头样、复核效果

出头板头样是指在正式出大货之前，需要制作出头样样板并裁剪缝制出一款样衣让客户确认，直到客户满意为止。以"全棉男休闲裤确认意见书"为例进行讲解，具体见表3-20。

表3-20　全棉男休闲裤确认意见书

全棉男休闲裤确认意见书

1. 此确认样品在规格尺寸上不太理想，详细尺寸请参阅规格表。不满意的规格尺寸主要有前、后裆长尺寸超出公差值1cm，内长超出3cm。此确认规格为m码，内长规格76cm，其他规格尺寸未测量，请正确核对样板尺寸，查清问题所在
2. 前裤片上的2个褶位，应该车缝3cm封口，而样衣上偏长1cm，大货生产时必须统一，左、右褶位务必一样
3. 后裤片上的一字型口袋，袋口不顺直，有歪斜。而且车缝的止口线，存在间距不均匀等问题
4. 缝线不符合规格，如锁边线稀疏不均匀，车缝针距过密，正确针距应为14~15针/3cm，大货生产时应注意
5. 凤眼（扣眼）开口毛边；腰头纽扣不对，应是"工字扣"，钉位不要偏向里
6. 洗水效果略欠佳，大货洗水时一定要参照修正后的洗水样品进行
7. 见此意见书，在面料和辅料到齐后，重新缝制样品，并交我公司再次确认

M（中码）规格样品确认误差核对表

单位：cm

部位	订单规格	样品规格	误差
腰围	80	78	-2
臀围	102	105	+3
前裆弧长	31	32	+1
后裆弧长	39	39	0
横裆宽	63	63	0
脚口围	40	40	0
内长	76	79	+3
腰头宽	3.5	3.5	0
拉链长	18	18	0

接单企业接到客户反馈意见后，板房技术人员依据意见书的修改方案和订单上的要求和标准再进行一次整改。这一过程必须要按照确认意见书、样板的规格尺寸、样板的说明和工艺要求进行，从中找出产生问题的原因，进而修改中间规格的样板，最后确定投产用的标准样板，并进行样板的缩放，制作出生产通知单中的完整系列服装样板提供给裁剪车间，准备出大货。

四、系列样板的绘制与制作

目前对服装系列样板的制作俗称"打样板"。打样板的方法有两种，即人工绘图剪切和使用计算机绘图剪切。此处主要介绍人工绘图用的"比例分配法"。

（一）标准样板（母板）的绘制

运用比例分配法，首先要设计和绘制标准样板。下面以订单规格为例，说明构思过程和绘制技巧。

1. 样板绘制、放码规格尺寸表

样板绘制、放码规格尺寸表见表3-21。

表3-21　样板绘制、放码规格尺寸表　　　　　　　　　　　　单位：cm

部位	腰围	臀围	前裆弧长	后裆弧长	横裆宽	脚口围	内长	腰头宽	拉链长
制板尺寸	80	102	31	39	63	40	76	3.5	18
缩放档差	4	4	1	1	2	2	1	0	0

2. 样板绘制注意事项及主要计算公式

由于该款式要洗水，因此出样时要考虑布料的缩水率，根据订单上提供缩水率的比率，经纱向是4%，纬纱向是3%。另外，通常腰头宽、臀围、横裆宽、脚口围是对折后测量得出的，如果不考虑这个因素，做出的成品会小些。因此，我们应根据布料的厚度追加一定的量值。一般情况下，腰头宽追加量为1～1.5cm、臀围追加量为0.5cm、横裆宽追加量为0.5cm、脚口围追加量为0.5cm。男休闲裤各主要部位计算公式见表3-22。

表3-22　男休闲裤各主要部位计算公式　　　　　　　　　　　单位：cm

部位	计算公式	部位	计算公式
立裆深	$\dfrac{前裆弧长-腰头宽-2.5}{1-4\%}\approx 26$	前小裆宽	$\dfrac{臀围}{30\times(1-3\%)}\approx 3.5$
前腰围	$\dfrac{1}{4}\times\dfrac{腰围+厚度}{1-3\%}-1\approx 20$	后腰围	$\dfrac{1}{4}\times\dfrac{腰围+厚度}{1-3\%}+1\approx 22$
前臀围	$\dfrac{1}{4}\times\dfrac{腰围+厚度}{1-3\%}-1\approx 25$	后臀围	$\dfrac{1}{4}\times\dfrac{腰围+厚度}{1-3\%}+1\approx 27$
前横裆宽	前臀围+前小裆宽-1=27.5	后横裆宽	$\dfrac{脚口围+厚度}{1-3\%}-前横裆宽\approx 38$
前脚口围	$\dfrac{1}{2}\times\dfrac{脚口围+厚度}{1-3\%}-2\approx 19$	后脚口围	$\dfrac{1}{2}\times\dfrac{脚口围+厚度}{1-3\%}+2\approx 23$
前裆弧长	前裆弧长-腰头宽=27.5	后裆弧长	后裆弧长-腰头宽=35.5
内长	$\dfrac{内长}{1-4\%}\approx 79$		

3. 男休闲裤前、后片样板绘制

男休闲裤前、后片样板见图3-1。

4. 男休闲裤零部件样板绘制

男休闲裤零部件样板见图3-2。

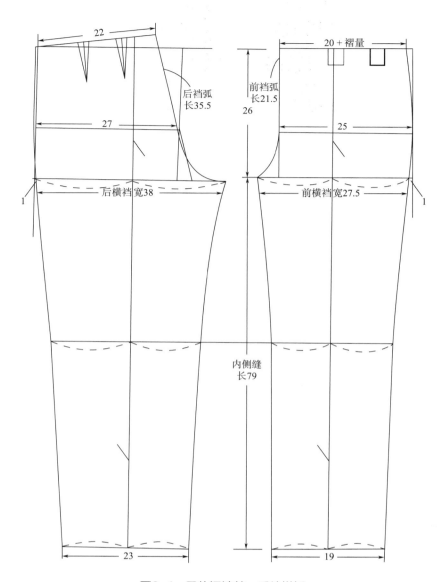

图3-1　男休闲裤前、后片样板

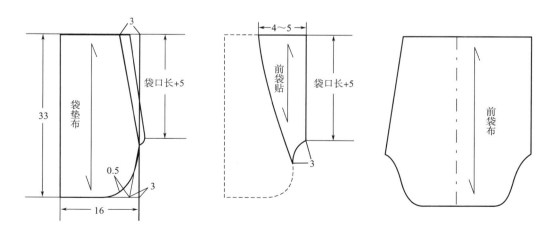

图3-2

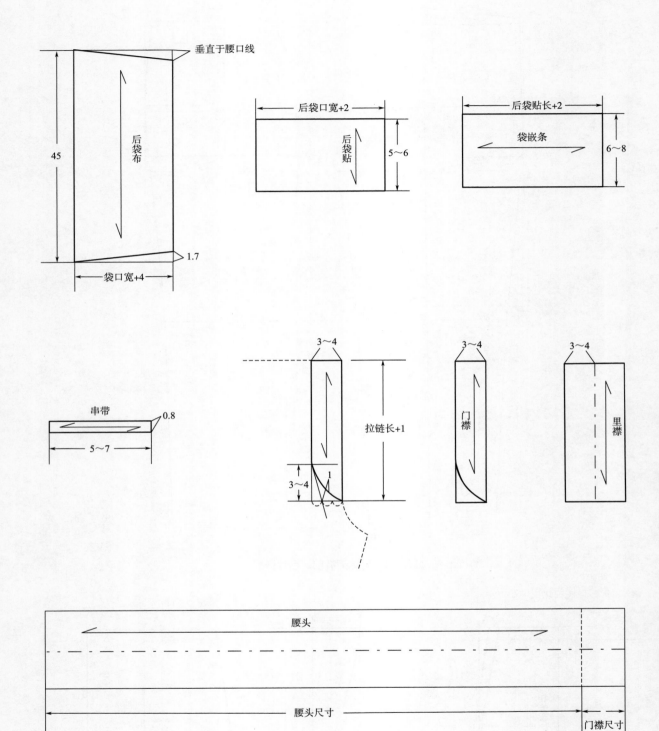

图3-2　男休闲裤零部件样板

注：以上零部件均未加放缝份，制板时要加上缝制时所需要的缝份。

5. 男休闲裤加放缝份、打牙口

男休闲裤加放缝份、打牙口见图 3-3。

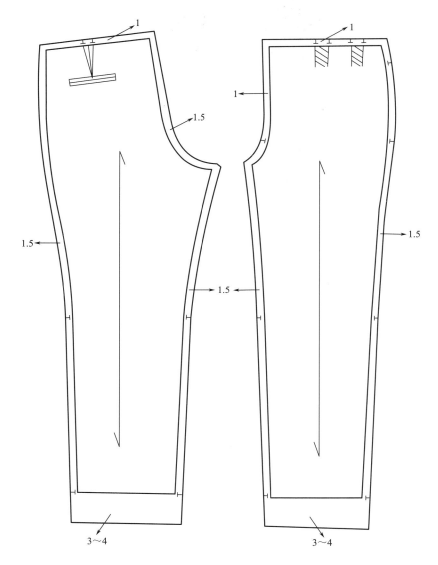

图3-3　男休闲裤加放缝份、打牙口

常见服装折边放缝份量参考表见表 3-23。

表3-23　常见服装折边放缝份量

部位	常见折边放缝量
衣下摆	大衣5cm，毛料上衣4cm，一般上衣3～4cm，衬衫2～3cm
裙下摆	一般3～4cm，大摆裙1.5～2cm
袖口折边	没有特殊情况下和衣下摆放缝量相等
开衩折边	西服背衩、边衩4cm，大衣4～6cm，袖衩2.5～3cm，裙子、旗袍开衩2～3.5cm
裤卷脚	一般3～4cm
门襟折边	一般3.5～5.5cm

部位	常见折边放缝量
开口折边	装纽扣或装拉链的部位，一般为1.5～2.5cm
口袋折边	明贴袋口3.5cm，有袋盖1.5cm，小贴袋口2.5cm，有袋盖1.5cm，插袋2cm

6. 男休闲裤样板标注文字说明

男休闲裤样板标注文字说明见图3-4。

7. 男休闲裤放码

（1）男休闲裤前裤片放码见图3-5。

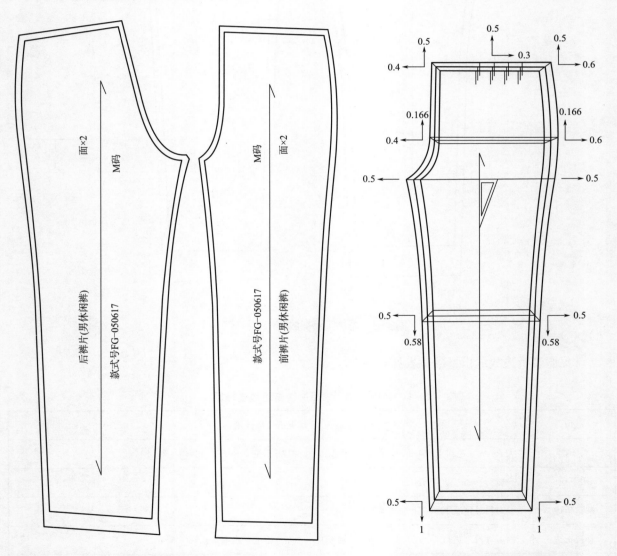

图3-4　男休闲裤样板标注文字说明　　　　　图3-5　男休闲裤前裤片放码

（2）男休闲裤后裤片放码见图3-6。

8. 男休闲裤零部件放码

男休闲裤零部件放码见图3-7。

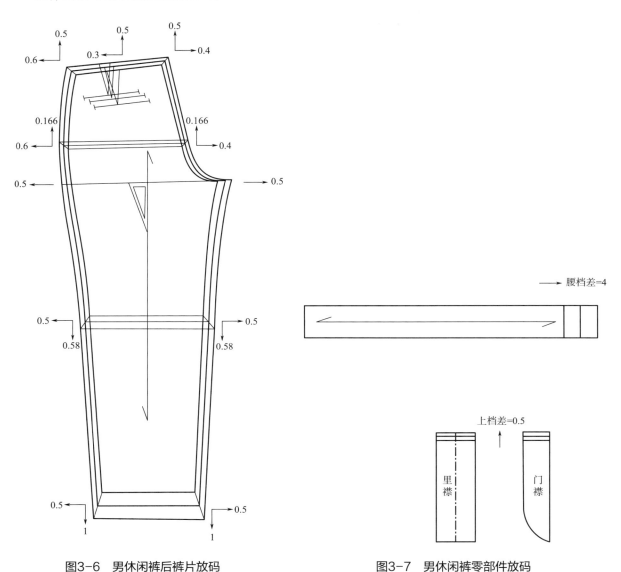

图3-6　男休闲裤后裤片放码　　　　　　图3-7　男休闲裤零部件放码

（二）系列样板的制作

系列样板的制作方法是先将标准样板（母板）放在纸板上面，用针扎出各连线上的等分点，分别在下面的纸板上做出记号，然后按照记号画出结构线条，就可将系列样板一一绘出。需要注意标准样板是净样板还是毛样板，如果是净样板，系列样板还要根据服装工艺要求，在衣片的轮廓线（包括衣片中的切割片）另加放缝制的缝份和折边。绘制完成后，还须在样板上写明对应的号型规格、订单上的码数，如果衣片的切割片太多，还要将各切片进行编号并写明前、后，以免在排料时出现差错。最后按照线条剪出各样板。

还有一种方法是，在制作标准样板时，先加上所需要的缝份和折边，俗称毛样板，在它的基础上再进行放码后，逐个剪出各规格的样板。

第六节　服装工业样板核查

一、查板

查板实际就是对样板进行审核与校对，每个拼接处一般需从两个方面进行审核和校对，一方面是审核样板的数量，另一方面是对样板的形状进行审核和校对，找出样板存在问题的原因和提出整改措施。下面通过图例说明服装样板审核和校对的常用方法。

（1）通过摆缝拼合审核和校对袖窿的状态（图3-8）。

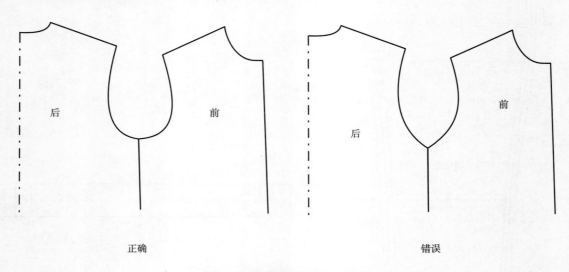

图3-8　摆缝拼合后的袖窿状态

（2）通过肩缝拼合审核和校对袖窿的状态（图3-9）。

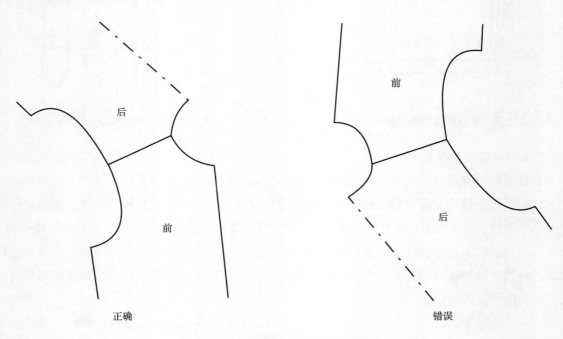

图3-9　肩缝拼合后的袖窿状态

（3）通过肩缝拼合审核和校对领圈的状态（图3-10）。

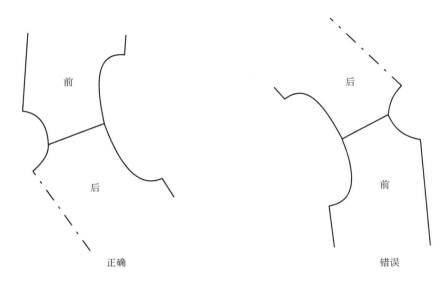

图3-10　肩缝拼合后的领圈状态

（4）通过裤外侧缝拼合审核和校对腰口状态（图3-11）。

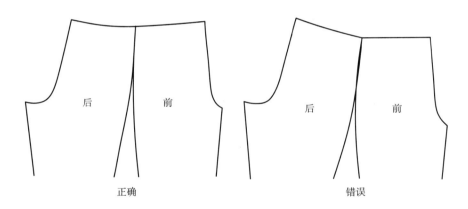

图3-11　裤外侧缝拼合后的腰口状态

（5）通过裤内侧缝拼合审核和校对裆口的状态（图3-12）。

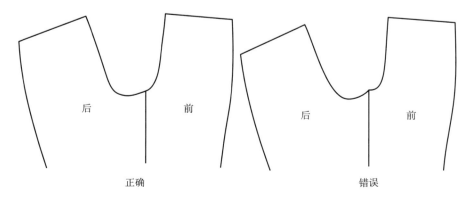

图3-12　裤内侧缝拼合后的裆口状态

（6）通过裙摆拼合审核和校对底摆的状态（图3-13）。

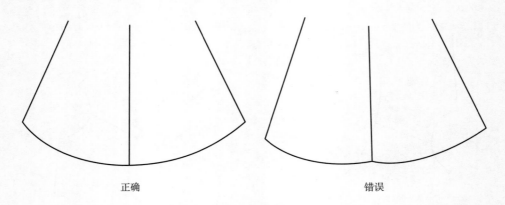

正确　　　　　　　　　　　　　错误

图3-13　裙摆拼合后的底摆状态

检查样板的目的是核对所有对应部位拼合后结构是否合理，拼合部位是否吻合，以及排除在工艺中需要的缩缝量（吃势量）后，拼合部位是否等长，拼合部位叠合后还需检查线条是否平滑和圆顺。通常制板师会对服装样板的拼合部位作如下检查：

（1）上衣：领与领圈、袖与袖窿、前后肩缝、前后摆缝、前后袖缝。

（2）裤类：腰与腰口、前后外侧缝、前后内侧缝、前后裤片的左右裆缝。

（3）裙类：腰与腰口、前后摆缝、拼缝。

二、检查全套样板是否齐全

服装企业裁剪部门在进行某品类服装批量生产前，需进行拉布裁剪面料的工序，因所铺面料层数越多，存在色差的可能性就越大，加上通常不是同一匹面料，即使颜色相同，也会存有出现色差的情况，所以裁床部门在面料裁剪前须细致认真地检查服装样板是否齐全，避免裁剪后出现少了某些服装零部件，再找同色面料补救所带来的麻烦。为了减少工作差错，服装企业的板师通常还要填写服装样板清单，便于裁床部门领取和进行服装样片裁剪前的核对。以全棉男休闲裤为例，其毛样板和裁片数量见表3-24。

表3-24　全棉男休闲裤毛样板和裁片数量　　　　　　　　单位：片

部件	毛样板数量			裁片数量		
	面料	里料	辅料	面料	里料	辅料
前裤片	1	0	0	2	0	0
后裤片	1	0	0	2	0	0
腰头	1	0	0	1	0	0
腰头（净样板）	1	0	0	0	0	1（黏合衬）
里襟	1	0	0	1	0	1（黏合衬）
门襟	1	0	0	1	0	1（黏合衬）

部件	毛样板数量			裁片数量		
	面料	里料	辅料	面料	里料	辅料
前袋	1	0	0	0	0	2（白平布）
后袋	1	0	0	0	0	2（白平布）
前袋贴	1	0	0	2	0	0
后袋贴	1	0	0	2	0	2（黏合衬）
后袋嵌条	2	0	0	4（上下各2条）	0	4（黏合衬）
串带	1	0	0	（利用布条边）	0	0
合计	13	0	0	15	0	11

第七节　计算机在服装工业制板中的应用

计算机在服装行业中的应用一般包括计算机辅助管理（MIS）、计算机辅助设计（CAD）、计算机辅助制造（CAM）等。服装 CAD 系统是以计算机为核心，由软件和硬件两大部分组成的系统。硬件包括计算机、绘图机、数字化仪、打印机、扫描仪、摄像机、光盘等设备，其中计算机起核心控制作用，其他的统称为计算机外部设备，分别执行绘图、打印输出、照相、存储等特定的任务。软件是指针对服装设计应用专门编制的计算机程序。在程序控制之下，计算机和其他外部设备才能按照设置的意图和命令，进行绘画、设计款式和样片、放码、排料等各项工作。

服装 CAD 和 CAM 系统的开发与应用，使面料设计、服装款式设计、结构设计、工艺设计不仅可以优化传统的设计与制作方法，而且在设计速度、精确度、正确率、画面制图质量以及修正方面都具有独特的优点。例如，在工艺设计以及服装制作流水线上，由计算机控制的自动计算面辅料的用量系统、自动排哝架（排板）、自动剪裁系统、自动吊挂传输系统、具有机器人功能的专用缝纫设备、自动量体设备，以及企业的信息管理、市场促销和人才培养等系统。

服装 CAD 系统的功能有服装款式设计 CAD 系统、服装结构设计 CAD 系统、服装工艺设计 CAD 系统。工业样板制作中的应用系统属于服装结构设计 CAD 系统，又称服装打板 CAD 系统或服装制板 CAD 系统。一般包括图形的输入、图形的绘制、图形的编辑、图形的专业处理、文件的处理和图形的输出等功能。

1. 图形的输入功能

图形的输入功能可利用键盘、鼠标或数字化仪等设备实现。

2. 图形的绘制功能

图形的绘制功能就是利用计算机系统所提供的绘图工具，通过键盘或鼠标进行服装衣片的设计过程。图形的绘制功能是服装结构设计 CAD 系统的基本功能。

3. 图形的编辑功能

图形的编辑功能是指对已有的图形进行修改、复制、移动或删除，通过图形的编辑命令可以按照用户的要求对已有的图形进行修改和处理，采用图形的编辑功能可以提高设计的速度。图形的编辑命令内容有：图形元素的删除、复制、移动、转换、缩放、断开、长度调整和拉伸等。

4. 图形的专业处理功能

图形的专业处理功能是指对服装行业的特殊图形和特殊符号等进行处理，如扣眼、对位标记以及板型检查、处理等。利用该项功能，系统将会提供绘制服装行业的特殊图形和符号，使其操作更为简便、可行，只要选用输入基本图形后，通过系统的专业处理功能，就可以直接获得服装样板要求的最终图形。

5. 文件的处理功能

系统的文件处理功能除新建文件、打开原有文件、文件存盘和退出打板等基本功能外，一般还有其他的一些辅助选用功能。例如，在操作时，为了参照已有的图形做出新的图形，应选有能同时打开一个或几个文件的功能，以便在绘图时作为参考，并且具有从一个文件夹中传送图形或数据到另一个文件夹中的功能。

6. 图形的输出功能

图形的输出功能应选用绘图机输出和打印设备输出实现。一般来讲，工业制衣的生产排料（排唛架）图纸和设计衣片的最终的图纸输出，应使用绘图机按照 1：1 的比例输出，而对于文件性的技术图纸则可以使用打印机按一定缩小的比例输出。

服装工业制板是为服装工业化生产提供符合的款式、面料、规格、工艺等要求，并可用于裁剪、缝制与整理的全套工业样板。制作服装工业样板的程序是：

（1）根据款式规格尺寸进行基本码结构制图，形成净样板。

（2）加放缝份并进行样板标注（如折边、省道、褶裥、对位、纱向、文字等），形成毛样板。

（3）根据档差进行样板放码，形成全套工业样板。

（4）填写制板清单。

生产通知单是重要的服装技术文件之一，是服装企业技术部门根据大货产品所制定的生产任务单，内容包括对工业样板的规格尺寸、裁剪工艺、缝制工艺以及档差数据等的详细说明，企业据此制作出服装工业样板系列。本章以具体的服装款式为例，对工业样板的制作和放码进行讲解，款式包括西装裙、男西裤、小喇叭牛仔女裤、女衬衫、男衬衫、男夹克衫、刀背缝女时装、男西服。每个实例都配有一份生产通知单，通过分析和比较各款式特点，理解不同款式工业制板与放码的方法。

第四章 服装工业制板与放码实例

第一节　西装裙制板与放码

一、生产通知单及款式图

（一）生产通知单

表4-1为某服装有限公司的生产通知单。

表4-1　某服装有限公司生产通知单

企业名称	某服装有限公司		款号	FC050618	款式		西装裙	
面料名称	涤棉混纺布		面料成分	50%涤纶，50%棉（门幅148cm）		件数		1404件
里料名称	黑色锦纶		里料成分	100%锦纶（门幅152cm）		粘衬		裙衩处、白色
制造说明	1. 裙长按照尺寸表							
	2. 腰围尺寸要足够							
	3. 里布后中处不能吊起							
	4. 测试面料与里料的缩水率							
	5. 裁剪时某些衣片多裁几片以便调换							
码数	4码	6码	8码	10码	12码		14码	合计
件数	152件	228件	303件	303件	228件		190件	1404件

规格尺寸表　　　　　　　　　　　　　　　　单位：cm

部位	代码	4码	6码	8码	10码	12码	14码
后裙长（不含腰头宽）	SL	66	66	66	66	66	66
后腰省间距（腰头处）	A	14.8	15.4	16	16.6	17.2	17.8
后腰省间距（省尖处）	B	17.8	18.4	19	19.6	20.2	20.8
后腰省长	C	10	10	10	10	10	10
后中拉链长	D	18	18	18	18	18	18
直插袋位置（从腰头下口线到袋口上端）	E	6.5	6.5	6.5	6.5	6.5	6.5
直插袋大	F	14.5	14.5	14.5	14.5	14.5	14.5
后裙衩高	G	24	24	24	24	24	24
成品腰围	W	62.5	65	67.5	70	72.5	75
腰头宽	I	3	3	3	3	3	3
前腰省间距（前中腰头处）	J	15.8	16.4	17	17.6	18.2	18.8
前腰省间距（两腰省之间）	K	3.2	3.2	3.2	3.2	3.2	3.2
臀围（腰头下20cm处）	H	95.5	98	100.5	103	105.5	108
下摆围	N	90.5	93	95.5	98	100.5	103

从表 4-1 可以得知，该订单是某服装有限公司要批量生产一批西装裙，采用的面料是 50/50 涤棉混纺布（门幅 148cm），搭配的里料是 100% 黑色锦纶（门幅 152cm），共六个规格号型，总生产数量为 1404 件，每个规格号型数量见生产通知单。表中的制造说明提到五点注意事项详细内容如下：

（1）在剪裁、缝制西装裙的时候，裙长一定要符合规格尺寸，不能大于或小于生产通知单中所规定的规格尺寸。

（2）腰围尺寸不能小，一定要符合规格尺寸。

（3）在配制里料时，后中处不能吊起，要注意里布的收缩。

（4）应测试面料与里料的缩水率，出大货时不要影响产品的规格尺寸和成衣质量，特别防止里布后中处产生吊起问题。

（5）在裁剪时要留有余地，某些衣片要多裁几片以便调换。

（二）款式图

西装裙由基本裙型演变而来，腰围、臀围加放松量较少，与人体体型相适应，下摆围略小于臀围，前身有 4 个省道，后身有 2 个省道，后中心线处装拉链，下摆开裙衩，配装腰头，搭门左侧锁 1 个纽眼，右侧钉 1 粒纽扣（图 4-1）。

图4-1　西装裙款式图

二、制板与放码

（一）制板与放码档差尺寸

以 8 码西装裙为基本码进行制板与放码，其档差尺寸见表 4-2。

表4-2　西装裙制板与放码档差尺寸　　　　　　　　　　　　　　　单位：cm

部位	后裙长（SL）	后腰省间距（腰头处）（A）	后腰省间距（省尖处）（B）	后腰省长（C）	后中拉链长（D）	直插袋位置（从腰头到袋口上端）（E）	直插袋大（F）
8码	66	16	19	10	18	6.5	14.5
档差	0	0.6	0.6	0	0	0	0

部位	后裙衩高（G）	成品腰围（W）	腰头宽（I）	前腰省间距（前中腰头处）（J）	前腰省间距（两腰省之间）（K）	臀围（腰头下20cm处）（H）	下摆围（N）
8码	24	67.5	3	17	3.2	100.5	95.5
档差	0	2.5	0	0.6	0	2.5	2.5

制板说明：样板制作中未加入面料缩水率及损耗量，在实际生产中需要对面料进行缩水率测试，将缩水率加入样板结构制图中（计算方法见第三章第五节）。

（二）样板制作

1. 前、后片样板

西装裙前、后片样板见图4-2。

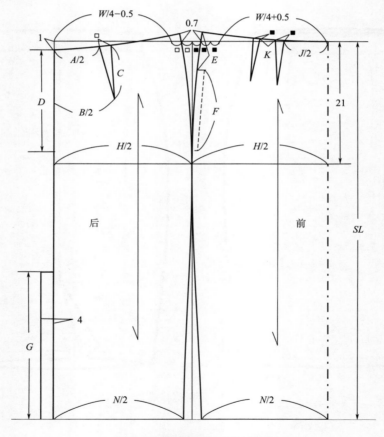

图4-2　西装裙前、后片样板

2. 西装裙零部件样板

西装裙零部件样板见图4-3。

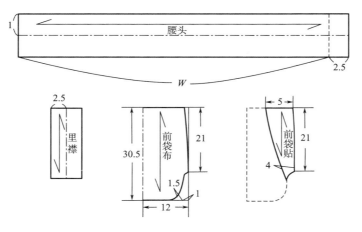

图4-3 西装裙零部件样板

（三）西装裙面料毛样板

西装裙面料毛样板见图 4-4。

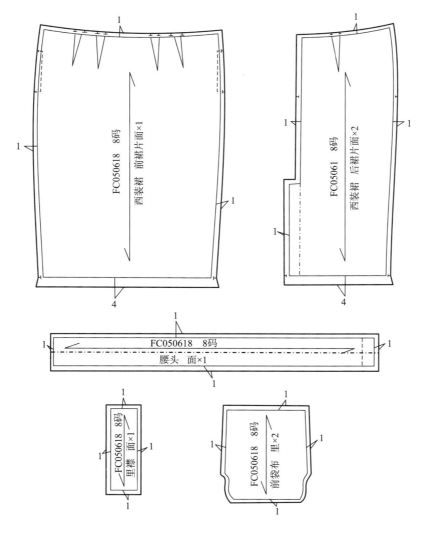

图4-4 西装裙面料毛样板

（四）西装裙里料样板

西装裙里料样板见图4-5。

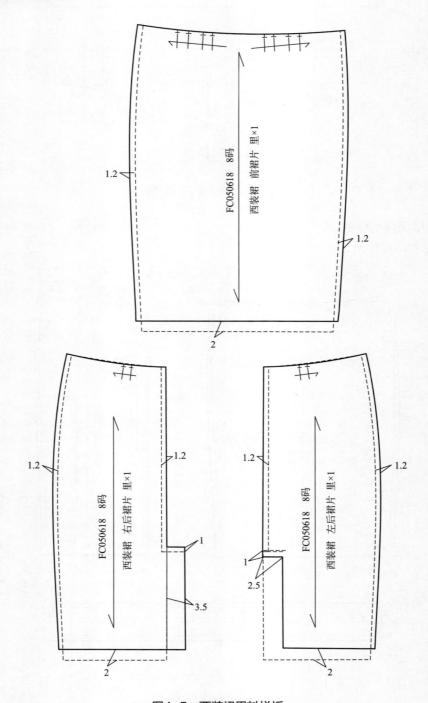

图4-5　西装裙里料样板

里料样板说明：前、后裙片里料样板在面料毛样板基础上，将两边侧缝、后中心处各放大1.2cm，下摆比面料样板短2cm。

（五）西装裙放码

西装裙放码见图4-6。

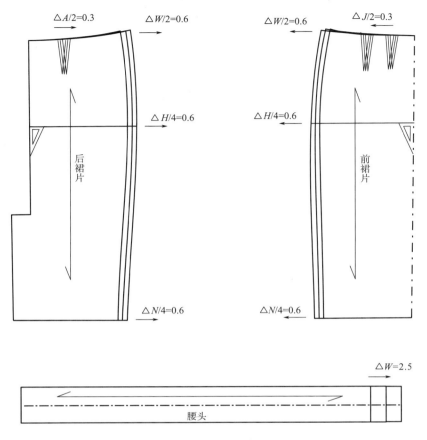

图4-6 西装裙放码

放码说明：前、后裙片的长度部位，如裙长、省长、拉链长、口袋大、裙衩高等，纵向放码值均为0，即无须放码；宽度部位中，前裙片两腰省间距、腰头宽的横向放码值也为0，即无须放码。里料放码方法和面料放码方法一样。

（六）制板清单

西装裙毛样板和裁片数量表见表4-3。

表4-3 西装裙毛样板和裁片数量表 单位：片

部件名称	毛样板数量			裁片数量		
	面料	里料	辅料	面料	里料	辅料
前裙片	1	1	0	1	1	0
后裙片	1	1	0	2	2	0
腰头	1	0	0	1	0	1（粘衬）
腰头（净样板）	1	0	0	0	0	0
里襟	1	0	0	1	0	1（粘衬）
前袋布	1	0	0	0	2（白平布）	0
前袋贴	1	0	0	2	0	2（粘衬）
合计	8	2	0	7	5	4

第二节　男西裤制板与放码

一、生产通知单及款式图

（一）生产通知单

表4-4为某制衣厂生产通知单。

表4-4　某制衣厂生产通知单

客户：**	单号：0571	是否加急：加急！		款号：EHF2346		裁床完成日期：*月*日			
面料：V10 米黄色	纸板：A2850	订单日期：*月*日				车间完成日期：*月*日			
	车间：3车间	款式：西裤，前片有褶位，后片装双嵌线袋				洗水完成日期：*月*日			
洗水方法：普洗免烫		备注：后片装袋，不加袋盖				包装完成日期：*月*日			
预裁数量：200件	码数	29码	30码	31码	32码	33码	34码	35码	36码	37码	38码	档差
	裁床比例	2	2	2	3	3	2	2	2	1	1	
	实裁数量（条）	20	20	20	30	30	20	20	20	10	10	
裁床拉布长度：11.33m	门幅：146cm											
尺寸号：A2850	腰围	73.5cm	76cm	78.5cm	81cm	83.5cm	86cm	88.5cm	91cm	93.5cm	96cm	2.5cm
	臀围	104cm	106.5cm	109cm	111.5cm	114cm	116.5cm	119cm	121.5cm	124cm	126.5cm	2.5cm
预计用料：255m	横档宽（档下2.5cm处）	62.2cm	63.4cm	64.6cm	65.8cm	67cm	68.2cm	69.4cm	70.6cm	71.8cm	73cm	1.2cm
	中档宽（档下33cm处）	51.2cm	52.4cm	53.6cm	54.8cm	56cm	57.2cm	58.4cm	59.6cm	60.8cm	62cm	1.2cm
实际用料：	脚口围	42.7cm	43.9cm	45.1cm	46.3cm	47.5cm	48.7cm	49.9cm	51.1cm	52.3cm	53.5cm	1.2cm
	前档弧长	31.8cm	32.1cm	32.4cm	32.7cm	33cm	33.3cm	33.6cm	33.9cm	34.2cm	34.5cm	0.3cm
生产车间：	后档弧长	40.8cm	41.1cm	41.4cm	41.7cm	42cm	42.3cm	42.6cm	42.9cm	43.2cm	43.5cm	0.3cm
	外长	103cm	105cm	107cm	109cm	111cm	113cm	115cm	117cm	119cm	121cm	2cm
裁床车间：	后袋长	29～33码为12.7cm					34～38码为14cm					
	拉链长	29～33码为16.5cm					34～38码为17.8cm					
成分	100%棉		纽扣		NA3×3		面线		N381-402		黏合衬：FG60g有纺衬	

续表

纸箱	68cm×40cm×44cm （长×宽×高）	袋布	白色	底线	N310-402		
包装	平装	吊牌	HZ+HZ4	拉链	185#	拷边线	N310-402
胶袋	48cm×38cm	套结线	N381-402	商标	HM19	纽眼线	N381-402

制造说明

1.腰头
（1）腰头宽3.8cm，腰头内侧下边缝份包边，内侧车2条锁链线，两线相距1.2cm，上锁链线为黄色，下锁链线为红色
（2）腰头四周车单线，门襟处开一个纽眼，长3cm，距边1.2cm
（3）腰头上缝制7个串带，长5.2cm，宽1cm，上端明套结固定，下端暗套结固定

2.前片
（1）裤外侧缝有斜插袋，袋口折止口，车0.6cm单线，上、下端打套结固定，上端套结距腰头1cm
（2）前片有2个褶裥，靠近门襟的褶长为4cm，褶宽为上端2cm、下端1.8cm；靠近外侧缝的褶长为3.5cm，褶宽为上端1.5cm、下端1.3cm，2个褶裥均呈上大下小状
（3）门襟拉链用单针车缝，门襟明线车单线
（4）里襟宽3.5cm，单针车缝，打明、暗2个纵向套结固定
（5）单线缝合前裆，缝至里襟上0.6cm处止

3.后片
（1）后片车缝1个省道，省长6.5cm
（2）后裆缝份用布条包边，车缝后分开烫
（3）后片开2个双嵌线袋，嵌线宽1cm，34～38码的袋口长15cm，29～33码的袋口长14cm。袋口四周车单线，两端打纵向套结
（4）裆底处打套结增强牢度，脚口卷边车2.5cm单线
（5）尺码标车缝在前袋布处，距袋口0.5cm
（6）烫黏合衬位置：腰头、前门襟、后片嵌线袋口、嵌线条

　　从表4-4可以得知，该订单是某制衣厂需加急生产一批男西裤，款式特征为前片有褶裥、后片有双嵌线袋。号型规格有十个，其中29码20条、30码20条、31码20条、32码30条、33码30条、34码20条、35码20条、36码20条、37码10条、38码10条，总计生产数量为200条。表中的制造说明分别对腰头、前片、后片提出三点注意事项，详细内容如下：

　　（1）对于腰头需要注意宽为3.8cm，在工业制板时外长尺寸要减去腰头宽3.8cm。

　　（2）里襟宽为3～4cm，在制作腰头长度时要加上一个里襟宽的尺寸，注意腰围尺寸不能小，一定要符合规格尺寸。

　　（3）对于裤后片需要注意口袋是双嵌线袋，没有袋盖，打板时不需要做袋盖样板。

　　此外，样板加放缝份要注意工艺要求，如果后裆采用左片包右片的包缝工艺，则后裆放缝时左片缝份要大于右片缝份。如果后裆采用缝合后拷边的工艺，缝份倒向一边，在正面车缉明线的缝制工艺，则后裆放缝时左右两边缝份要相同。表4-4中的生产通知单工艺要求是后裆缝份用布条包边，缝合好后缝份再进行分开烫，因此后裆左右两边缝份相同。

　　（二）款式图

　　男西裤的前片有4个顺褶，倒向侧缝，后片有2个省道和2个双嵌线袋。裤身两侧有斜插袋，前门襟装有拉链，腰头上装有串带，右腰头锁1个纽眼，左腰头钉1粒纽扣（图4-7）。

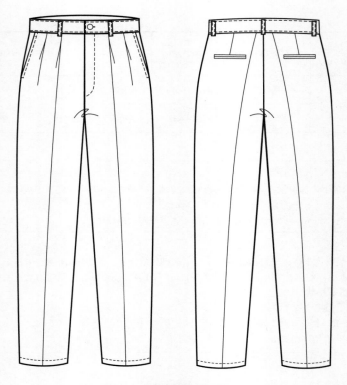

图4-7 男西裤款式图

二、制板与放码

（一）制板与放码档差尺寸表

以33码男西裤为基本码进行制板与放码，其档差尺寸见表4-5。

表4-5 男西裤制板尺寸与放码档差尺寸 单位：cm

部位	腰围 （W）	臀围 （档上9cm处） （H）	横裆宽 （裆下2.5cm处） （CW*）	中裆宽 （裆下33cm处） （KW）	脚口围 （SB）	前裆弧长 （FR）	后裆弧长 （BR）	外长 （OS）
33码	83.5	114	67	56	47.5	33	42	111
档差	2.5	2.5	1.2	1.2	1.2	0.3	0.3	2

* CW在裤装部位中表示横裆宽，在下文的上装部位中表示袖口围。

制板说明：样板制作中未加入面料缩水率及损耗量，在实际生产中，需要对面料进行缩水率测试，将缩水率加入样板结构制图中（计算方法见第三章第五节）。

（二）样板制作

1. 前、后片样板

男西裤前、后片样板见图4-8。

2. 男西裤零部件样板

男西裤零部件样板见图4-9。

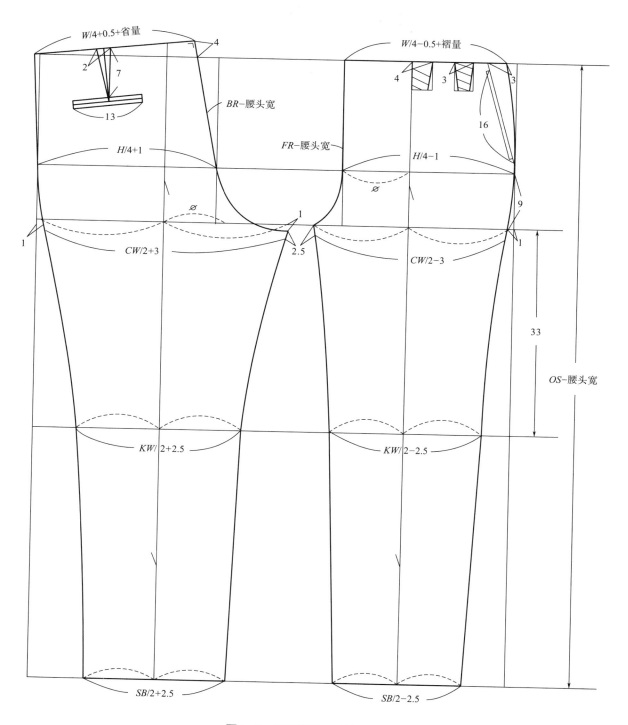

图4-8 男西裤前、后片样板

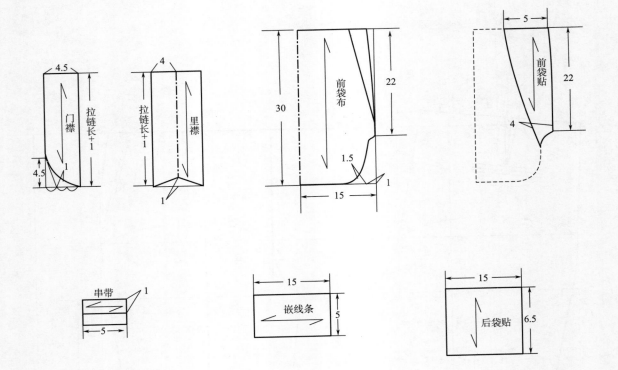

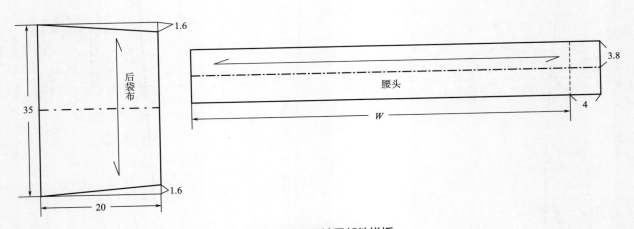

图4-9　男西裤零部件样板

（三）面料毛样板

男西裤面料毛样板见图 4-10。

（四）男西裤放码

1. 前、后裤片放码

男西裤前、后裤片放码见图 4-11。

2. 零部件放码

男西裤零部件放码见图 4-12。

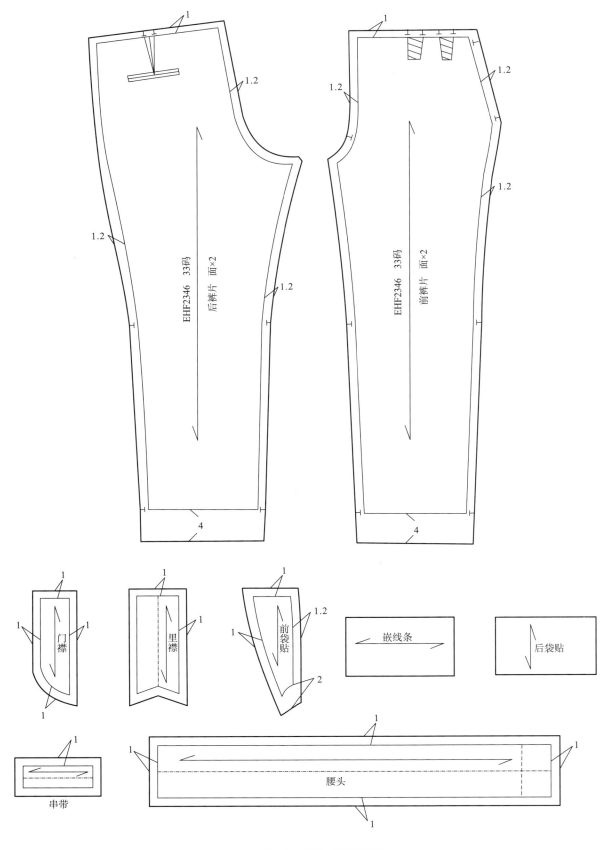

图4-10　男西裤面料毛样板

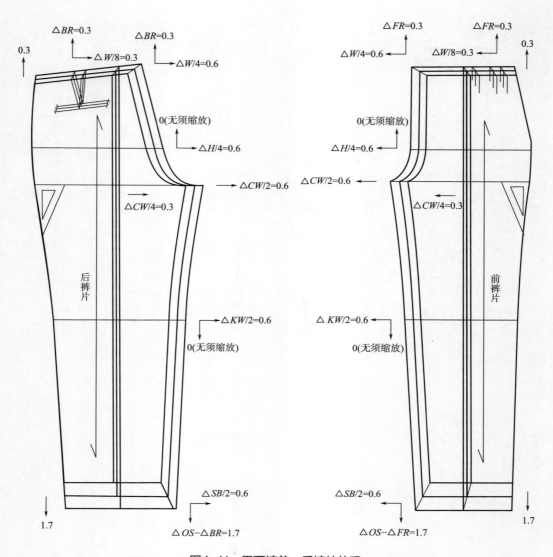

图4-11 男西裤前、后裤片放码

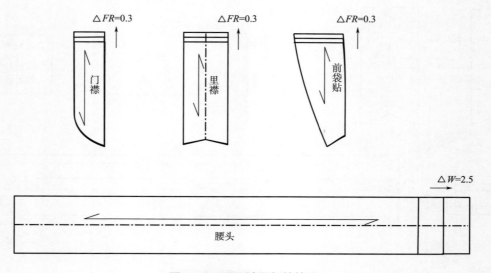

图4-12 男西裤零部件放码

（五）制板清单

男西裤毛样板和裁片数量见表4-6。

表4-6　男西裤毛样板和裁片数量表　　　　　　　　　　　　　单位：片

部件名称	毛样板数量			裁片数量		
	面料	里料	辅料	面料	里料	辅料
前裤片	1	0	0	2	0	0
后裤片	1	0	0	2	0	0
腰头	1	0	0	1	0	1（粘衬）
腰头（净样板）	1	0	0	0	0	0
里襟	1	0	0	1	0	1（粘衬）
门襟	1	0	0	1	0	1（粘衬）
前袋布	1	0	0	0	2（白平布）	0
前袋贴	1	0	0	2	0	2（粘衬）
后袋布	1	0	0	0	2（白平布）	0
后袋贴	1	0	0	2	0	2（粘衬）
嵌线条	1	0	0	4	0	4（粘衬）
串带	1	0	0	8	0	0
合计	12	0	0	23	4	11

第三节　小喇叭牛仔女裤制板与放码

一、生产通知单及款式图

（一）生产通知单

表4-7为某服饰公司生产通知单。

表4-7　某服饰公司生产通知单

板单号：F2020.7.9	款式：小喇叭牛仔女裤		季节：2020年冬季		客户：本公司专卖店
裁剪数量：1800条			洗水方法：酵素洗（怀旧风格）		
设计：	物料：		配布：		主布：
面线：	底线：		衬料：		其他：
工艺要求：见工艺技术文件通知					
裁剪日期：	缝制日期：		包装日期：		入库日期：
规格	24码	25码	26码	27码	28码	29码	30码	31码	32码
裁床比例	1	2	2	3	3	3	2	2	1

款式图：

部位	28码（单位：cm）	
	洗水前尺寸	洗水后尺寸
腰围	73.5	71
臀围（裆上9.6cm处）	96.5	93.5
前裆弧长（不含腰头宽）	20.4	18.8
后裆弧长（不含腰头宽）	32.4	31
横裆宽（裆下2.5cm处）	59	55.5
中裆宽（裆下35.5cm处）	42.5	39.5
脚口围	49.5	46.5
内长	81.3	78
前小贴袋（宽×高）	5×6.5	4.5×5.5
前袋口（宽×高）	10×6.5	9.2×5.5
后贴袋（宽×高）	14×14	13×13
拉链长	11.4	11.4
腰头宽	3.8	3.5
后育克宽（后中处）	6	5
后育克宽（侧缝处）	3.5	3
门襟（长×宽）	12.1×3.8	10.8×3.5
里襟（长×宽）	12.4×3.8	11.3×3.5
串带（长×宽）	5.7×1.2	5.2×1

规格尺寸表   单位：cm

部位	规格								
	24码	25码	26码	27码	28码	29码	30码	31码	32码
腰围	63.5	66	68.5	71	73.5	76	78.5	81	83.5
腰头宽	3.8								
臀围（裆上7.6cm处）	86.5	89	91.5	94	96.5	99	101.5	104	106.5
横裆宽（裆下2.5cm处）	54.2	55.4	56.6	57.8	59	60.2	61.4	62.6	63.8
中裆宽（裆下35.5cm处）	37.7	38.9	40.1	41.3	42.5	43.7	44.9	46.1	47.3
脚口围	44.7	45.9	47.1	48.3	49.5	50.7	51.9	53.1	54.3
前裆弧长（不含腰头宽）	18	18.6	19.2	19.8	20.4	21	21.6	22.2	22.8
后裆弧长（不含腰头宽）	30	30.6	31.2	31.8	32.4	33	33.6	34.2	34.8
内长	75.8	77.2	78.6	80	81.4	82.8	84.2	85.6	87
裤卷脚高	1.2								
串带（长×宽）	5.7×1.2								
前袋口宽	10	10	10	10	10	10.6	10.6	10.6	10.6
前袋口高	6.5								
后贴袋宽	13.3	13.3	13.3	14	14	14	14.6	14.6	14.6
后贴袋高	13.3	13.3	13.3	14	14	14	14.6	14.6	14.6
拉链长	10.2	10.2	10.2	11.4	11.4	11.4	12.6	12.6	12.6
门襟宽	3.8								
前插袋布深	16.5								

从表4-7可以得知，该订单是加工小喇叭牛仔女裤，号型规格有九个，其中24码200条、25码400条、26码400条、27码600条、28码600条、29码600条、30码400条、31码400条、32码200条，总计生产数量为3800条。此外，该订单产品要进行酵素洗，需注意面料的缩水率，生产通知单中有28码女裤洗水前和洗水后的尺寸规格，制板时应选择洗水前的规格尺寸进行制板。样衣水洗后一定要测量主要部位的尺寸收缩数据，以便修正样板。这样操作才能制定出符合生产技术标准的样板。

除考虑以上因素外，制板时还要考虑缝制工艺与样板的关系，如样片采用的缝型不同也会影响缝份的加放量。

（二）款式图

小喇叭牛仔女裤为紧身合体造型，臀部、腰部、立裆、脚口等部位加放松量较小。正面有两个弧形袋口，右侧袋内有一个小贴袋。前门襟装拉链、门襟线、裆缝线为车缝的双线，后片有育克和2个贴袋。装腰头，右腰头钉1粒纽扣，左腰头锁1个纽眼（图4-13）。

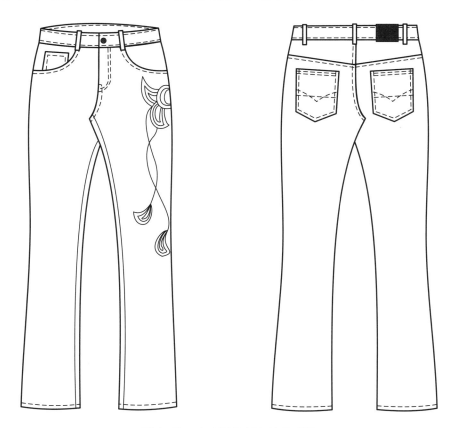

图4-13　小喇叭牛仔女裤款式图

二、制板与放码

（一）制板与放码档差尺寸表

以28码小喇叭牛仔女裤为基本码进行制板与放码，其档差尺寸见表4-8。

表4-8　小喇叭牛仔女裤制板尺寸与放码档差尺寸　　　　　　单位：cm

部位	腰围（W）	臀围（H）	前裆弧长（FR）	后裆弧长（BR）	横裆宽（CW）	中裆宽（KW）	脚口围（SB）	内长（IS）	前小贴袋（宽×高）
规格	76	101.5	21	33	60.3	43.1	50.7	83.8	5×6.5
档差	2.5	2.5	0.6	0.6	1.2	1.2	1.2	1.4	宽为0.3，高为0.6

部位	前袋口（宽×高）	后贴袋（宽×高）	拉链长	腰头宽	门襟（长×宽）	里襟（长×宽）	后育克宽（后中处）	后育克宽（侧缝处）
规格	10×6.5	14×14	11.4	3.8	12.1×3.8	12.4×3.8	6	3.5
档差	宽为0.3，高为0.6	宽为0.3，高为0.6	0	0	0	0	0	0

（二）样板制作

1. 前、后片样板

小喇叭牛仔女裤牛仔裤前、后片样板见图4-14。

2. 小喇叭牛仔女裤零部件样板

小喇叭牛仔女裤零部件样板见图4-15。

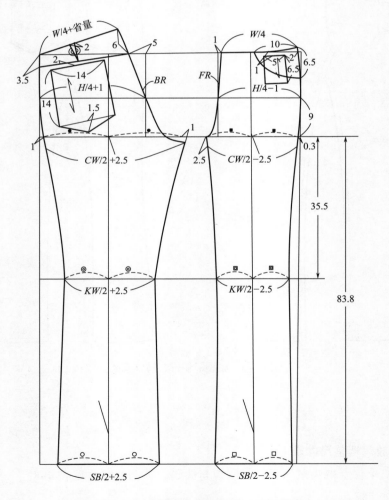

图4-14　小喇叭牛仔女裤前、后片样板

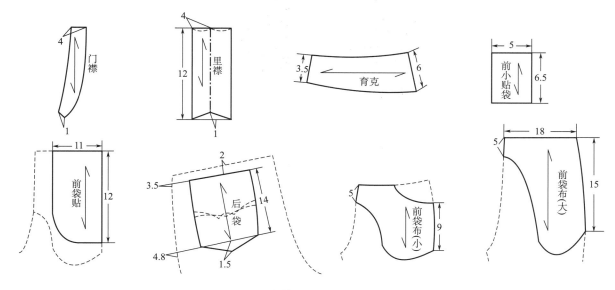

图4-15　小喇叭牛仔女裤零部件样板

（三）面料毛样板

小喇叭牛仔女裤面料毛样板见图4-16。图中"上层1"是指在缝制两块面料时，放在上面的那块面料加放1cm的缝份；"下层2"是指在缝制两块面料时，放在下面的那块面料加放2cm的缝份。

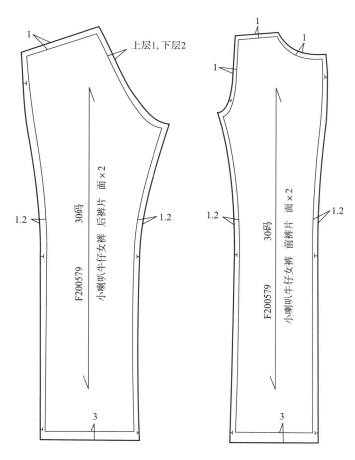

图4-16

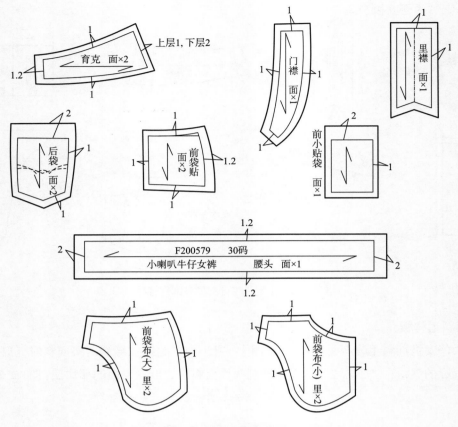

图4-16 小喇叭牛仔女裤面料毛样板

放缝说明：样板缝份量的确定与缝制的工艺要求和缝纫设备密切相关。该款式前后裤片的内裆缝、外侧缝均采用五线包缝机，缝份为1.2cm；后裆采用埋夹机缝合，上层缝份为1cm，下层缝份为2cm；腰头采用拉腰机装腰，两边缝份为1.2cm，采用拉腰机封腰头，腰头缝份为2cm。

牛仔裤常见缝制工艺与缝份量数据见表4-9。

表4-9 牛仔裤常见缝制工艺与缝份量

缝制工艺	缝份量	说明
三线拷边后合缝	1.2cm	无
五线包缝	1.2cm	无
拉腰机装腰	1.2cm	无
拉腰机封腰头	2cm	无
手工装腰	1cm	无
手工装腰封腰头	1.2cm	无
单针车缝门襟	1cm	无
车缝袋口	1cm	无
卷脚车卷裤卷脚	裤卷脚车线宽×2+0.2cm（止口）	如裤卷脚车缝好的宽度为1.5cm，则脚口缝份=1.5×2+0.2 = 3.2（cm）
单针车卷裤卷脚	裤卷脚车线宽+1.2cm	如裤卷脚车缝好的宽度为2cm，则脚口缝份=2+1.2 = 3.2（cm）
埋夹缝（双重链式包缝）	上层缝份1cm，下层缝份2cm	无

（四）小喇叭牛仔女裤放码

1. 前裤片放码

小喇叭牛仔女裤前裤片放码见图4-17。

2. 后裤片放码

小喇叭牛仔女裤后裤片放码见图4-18。

3. 零部件放码

小喇叭牛仔女裤零部件放码见图4-19。

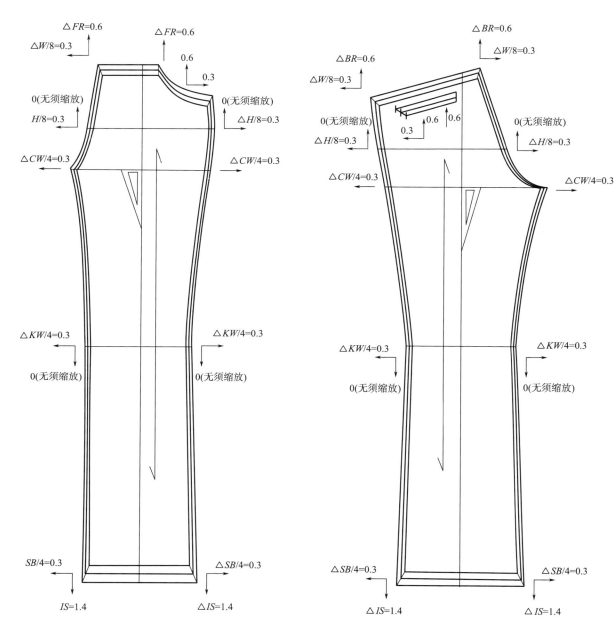

图4-17　小喇叭牛仔女裤前裤片放码　　　　图4-18　小喇叭牛仔女裤后裤片放码

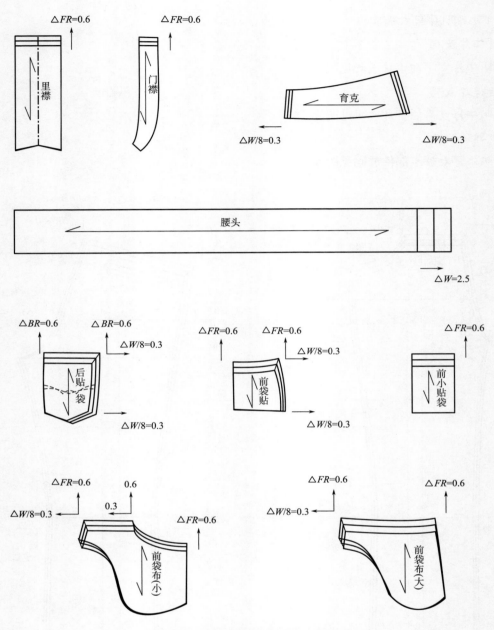

图4-19　小喇叭牛仔女裤零部件放码

放码说明：

（1）从表4-7可以看出，档差有两种形式：一种是规则档差，即每个部位的档差都是均匀的；另一种是不规则档差，即有些部位的档差并档或者通码，如内长的档差：24~26码并档，27~29码并档，30~32码并档，即三个规格跳一档，称为"并档"；腰头宽的档差，所有规格的尺寸相同，则称为"通码"。如果规格中的档差不规则，一定要注意每档都计算正确。

（2）前后裤片放码时，通常选择横档线与裤中线（挺缝线）的交点作为坐标轴原点，这样便于对样板上各放码点进行放大或缩小，并保证样板的"型"不改变。

（五）制板清单

牛仔裤毛样板和裁片数量见表4-10。

表4-10　牛仔裤毛样板和裁片数量表　　　　　　　　　　　单位：片

部件名称	毛样板数量			裁片数量		
	面料	里料	辅料	面料	里料	辅料
前裤片	1	0	0	2	0	0
后裤片	1	0	0	2	0	0
腰头	1	0	0	1	0	0
腰头（净样板）	1	0	0	0	0	0
后育克	1	0	0	2	0	0
门襟	1	0	0	1	0	0
里襟	1	0	0	1	0	0
前袋布（小）	1	0	0	0	2（白平布）	0
前袋布（大）	1	0	0	0	2（白平布）	0
前袋贴	1	0	0	2	0	0
前小贴袋	1	0	0	1	0	0
后贴袋	1	0	0	2	0	0
贴袋车花	1	0	0	0	0	0
串带	1	0	0	5	0	0
合计	14	0	0	19	4	0

第四节　女衬衫制板与放码

一、生产通知单及款式图

（一）生产通知单

表4-11为某时装批发有限公司生产通知单。

表4-11　某时装批发有限公司生产通知单

客户单号		制造单号	
客户款号		制造班组	
客户名称		交货日期	
产品类别		制单日期	
布料名称	布料成分	封度	每件用料	布到厂期	开裁日期
ASRJ雪纺					

部位	尺寸表				单位：cm	款式：女衬衫
	XS	S	M	L	XL	
后中长	55	57	59	61	63	
胸围	92	96	100	104	108	
肩宽	38	39	40	41	42	
袖长	51	52.5	54	55.5	57	
袖口围	20	21	22	23	24	
领围	34	35	36	37	38	
前腰节长	38	39	40	41	42	
背长	36	37	38	39	40	
袖隆弧长	44	46	48	50	52	
颜色	数量分配				单位：件	
烟红色	10	20	20	10	10	
紫罗兰色	10	10	20	20	10	
粉红色	20	20	10	10	10	
纯白色	10	10	20	20	20	
合计	50	60	70	60	50	
总计	290					
辅料	1. 有纺黏合衬 2. 20#纽扣，9粒/件					
车间注意事项： 1. 领面、领里、袖克夫、门襟贴边等部位烫有纺衬 2. 袖克夫车缉明线距边0.1cm，袖衩车缉明线距边0.1cm 3. 下摆卷边宽3cm 4. 扣眼用平头锁眼机，扣眼大是20#纽扣的直径 5. 钉扣采用手工钉扣，扣要套结高0.2cm 6. 三线机锁边，线的颜色和面料颜色一样					制表人： 审　核： 复　核： 年　　月　　日	

从表4-11可以得知，该订单是生产女衬衫，号型规格有五个，排料时要注意每个规格的裁剪数量和颜色搭配的要求。此外，对于有条格的面料，在排料时要注意对条、对格。

（二）款式图

女衬衫的前衣片上有2个侧缝省，领型为翻折领，袖型为一片袖，有袖衩，袖衩位置在后袖片，方型袖克夫。右门襟锁5个纽眼，左门襟钉5粒纽扣，袖克夫锁1个纽眼，钉1粒纽扣，袖衩锁1个纽眼，钉1粒纽扣（图4-20）。

二、制板与放码

（一）制板与放码档差尺寸表

以M码女衬衫为基本码进行制板与放码，其档差尺寸见表4-12。

（二）样板制作

1. 衣身、衣领样板

女衬衫衣身、衣领样板见图4-21。

2. 衣袖样板

女衬衫衣袖样板见图4-22。

（三）面料毛样板

女衬衫面料毛样板见图4-23。

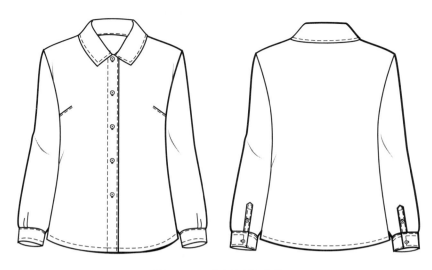

图4-20　女衬衫款式图

表4-12　女衬衫制板与放码档差尺寸　　　　　　　　　　　单位：cm

部位	后中长（L）	胸围（B）	肩宽（S）	袖长（SL）	袖口围（CW）	领围（N）	前腰长（FWL）	背长（BWL）	袖窿弧长（AH）
规格	59	100	40	54	22	36	40	38	48
档差	2	4	1	1.5	1	1	1	1	2

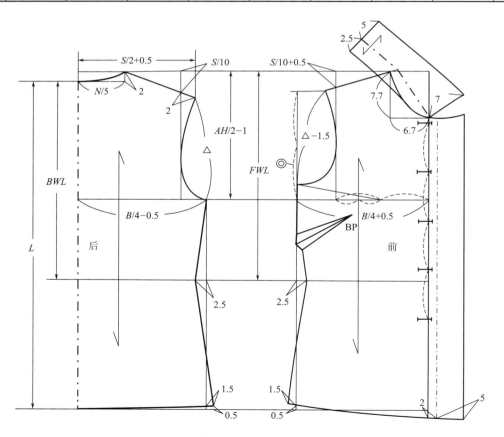

图4-21　女衬衫衣身、衣领样板

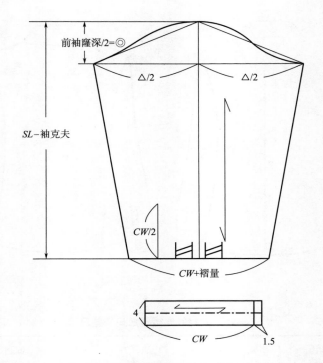

前袖隆深/2=◎

△/2　　△/2

SL−袖克夫

CW/2

CW+褶量

4

CW

1.5

图4-22　女衬衫衣袖样板

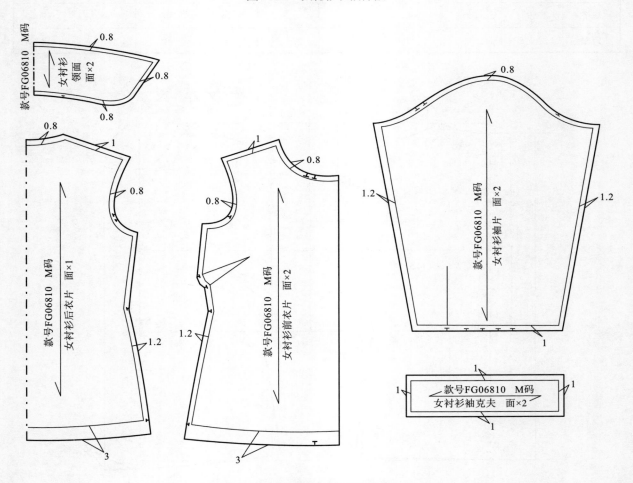

款号FG06810　M码

0.8

女衬衫
领面
面×2

0.8

0.8

0.8

款号FG06810　M码

1

0.8

女衬衫后衣片　面×1

1.2

款号FG06810　M码

1

0.8

0.8

1.2

女衬衫前衣片　面×2

3

3

0.8

1.2

1.2

款号FG06810　M码

女衬衫袖片　面×2

1

1

1

款号FG06810　M码

女衬衫袖克夫　面×2

1

1

图4-23　女衬衫面料毛样板

女衬衫对位刀眼部位和数量见表4-13。

表4-13 女衬衫对位刀眼部位和数量表　　　　　　　　　　　　　单位：个

样片名称	刀眼部位	数量
前衣片	上领点	4
	袖前对位点	
	两侧缝对腰点	
	下摆折边点	
后衣片	后领口中点	4
	后袖对位点	
	两侧缝对腰点	
	下摆折边点	
袖片	袖中点	3
	前对袖点	
	后对袖点	
衣领	上下领中点	4
	肩缝对应点	
合计	15	

（四）女衬衫放码

1. 前衣片放码

女衬衫前衣片放码见图4-24。

2. 后衣片放码

女衬衫后衣片放码见图4-25。

3. 衣袖放码

女衬衫衣袖放码见图4-26。

4. 衣领放码

女衬衫衣领放码见图4-27。

（五）制板清单

女衬衫毛样板和裁片数量见表4-14。

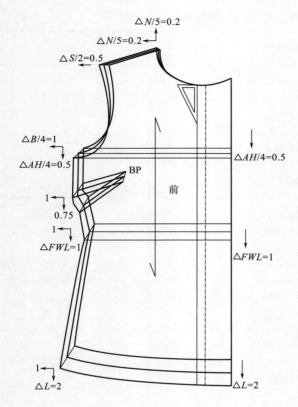

图4-24　女衬衫前衣片放码

图4-25　女衬衫后衣片放码

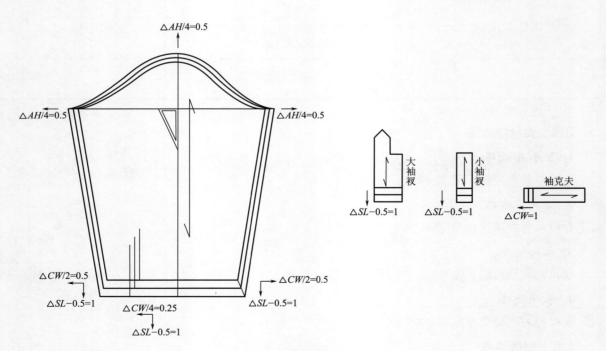

图4-26　女衬衫衣袖放码

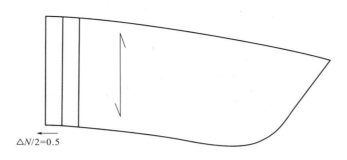

$\triangle N/2=0.5$

图4-27　女衬衫衣领放码

表4-14　女衬衫毛样板和裁片数量表　　　　　　　　　　　　单位：片

部件名称	毛样板数量			裁片数量		
	面料	里料	辅料	面料	里料	辅料
前衣片	1	0	0	2	0	0
后衣片	1	0	0	1	0	0
衣袖	1	0	0	2	0	0
大袖衩	1	0	0	2	0	0
小袖衩	1	0	0	2	0	0
领面	1	0	0	1	0	0
领里	1	0	0	1	0	0
袖克夫	1	0	0	2	0	0
合计	8	0	0	13	0	0

第五节　男衬衫制板与放码

一、生产通知单及款式图

（一）生产通知单

表4-15为某服装公司生产通知单。

表4-15　某服装公司生产通知单

合约号：06810	客户：红星公司	交货期：　年　月　日		制单号：20060810
款号：ZF0810	款式：全棉男衬衫	数量：1200件		备注：加急
颜色	数量分配		单位：件	包装说明：	测量说明：
	S	M	L		
白色	100	200	100		
灰色	100	200	100		
黑色	100	200	100		
合计	300	600	300		

部位	尺寸表			单位：cm	包装说明：	测量说明：
	S	M	L	档差		
后衣长	70	72	74	2		
胸围	102	106	110	4		
肩宽	44.5	46	47.5	1.5	面料说明：	辅料说明：
领围	39	40	41	1		
袖长	59	60	61	1		
袖口围	23.5	24.5	25.5	1		
袖肥	44	45	46	1		
育克高（后中）	8	8	8	0		
口袋宽	9.5	10	10.5	0.5		
口袋高	11.5	12	12.5	0.5		

制作要点：
1. 后衣片育克高8cm，前衣片肩线平行向下移3cm，将后过肩与前过肩合并，形成完整的育克
2. 衣领、袖克夫、门襟贴边、贴袋口等部位烫有纺衬
3. 后过肩、前过肩、袖窿、袖克夫、袖衩等部位车缉明线，距边0.1cm
4. 下摆卷边宽1cm

制单人：	生产厂长：
制单日期：　　　　　　年　　月　　日	签发日期：　　　　　　年　　月　　日

从表4-15可以得知，该订单是加工男衬衫，号型规格有三个，排料时要注意每个规格的裁剪数量和颜色搭配的要求。对于有条格的面料，在排料时要注意对条、对格。

（二）款式图

男衬衫的后衣片有育克分割，与前衣片过肩合并。领型为尖角衣领，袖型为一片袖，有袖克夫，宝剑头袖衩。左胸前有1个贴袋，门襟处有6粒纽扣（图4-28）。

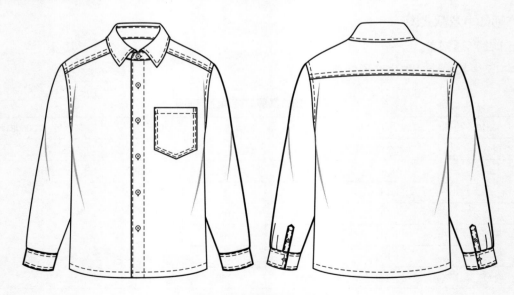

图4-28　男衬衫款式图

二、制板与放码

（一）制板与放码档差尺寸表

以 M 码男衬衫为基本码进行制板与放码，其档差尺寸见表 4-16。

表4-16　制板尺寸与放码档差尺寸

单位：cm

部位	后衣长 （L）	胸围 （B）	肩宽 （S）	领围 （N）	袖长 （SL）	袖口围 （CW）	袖肥	育克高	口袋宽	口袋高
规格	72	106	46	40	60	24.5	45	8	10	12
档差	2	4	1.5	1	1	1	1	0	0.5	0.5

（二）样板制作

1. 衣身、衣领样板

男衬衫衣身、衣领样板见图 4-29。

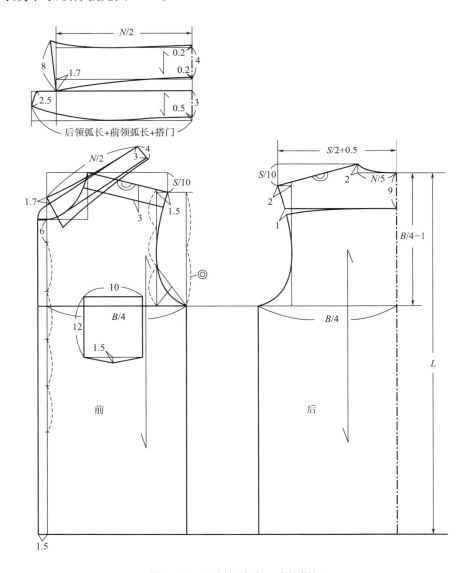

图4-29　男衬衫衣身、衣领样板

2. 衣袖样板

男衬衫衣袖样板见图4–30。

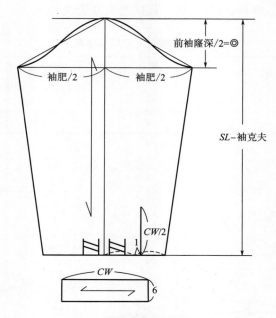

图4-30 男衬衫衣袖样板

（三）面料毛样板

男衬衫面料毛样板见图4–31。

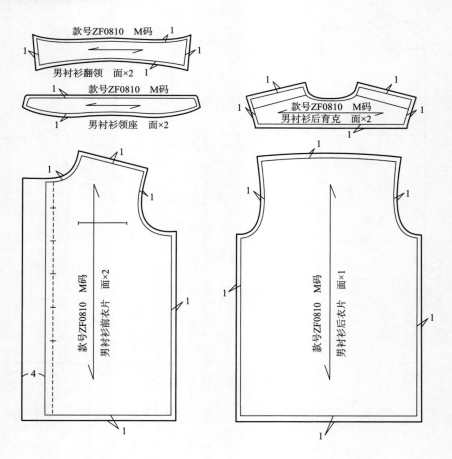

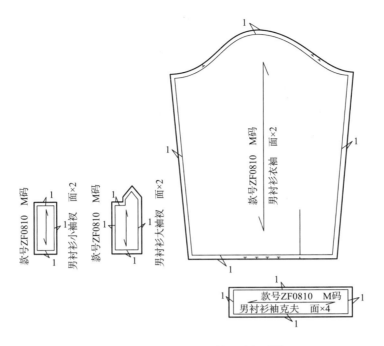

图4-31　男衬衫面料毛样板

男衬衫对位刀眼部位和数量见表 4-17。

表4-17　男衬衫对位刀眼部位和数量表　　　　　　　　单位：个

样片名称	刀眼部位	数量
前衣片	门襟贴边上下点	3
	前对袖点	
后衣片	后中点	5
	后两个对袖点	
袖片	前对袖点	5
	后两个对袖点	
	袖口褶裥起点	
	袖衩点	
育克	育克中点	2
翻领	上下领中点	2
领座	上下领中点	6
	上领点	
	肩缝对应点	
合计		23

（四）男衬衫放码

1. 前衣片放码

男衬衫前衣片放码见图 4-32。

2. 后衣片放码

男衬衫后衣片放码见图4-33。

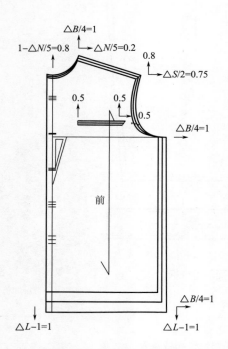

图4-32 男衬衫前衣片放码

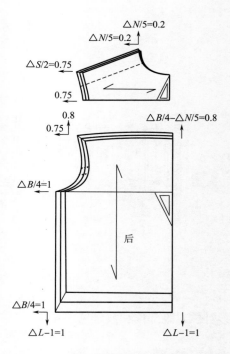

图4-33 男衬衫后衣片放码

3. 衣袖放码

男衬衫衣袖放码见图4-34。

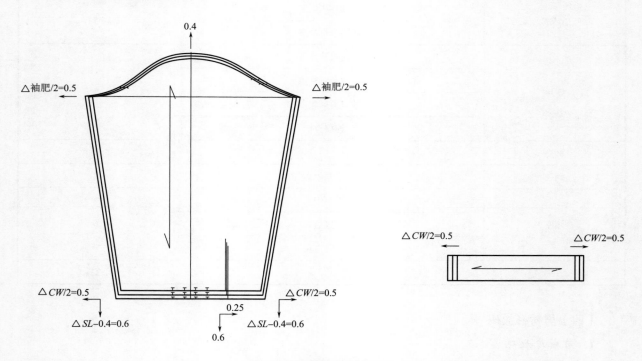

图4-34 男衬衫衣袖放码

4. 衣领放码

男衬衫衣领放码见图4-35。

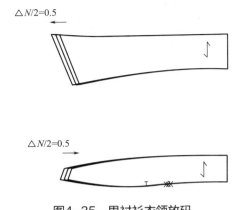

图4-35 男衬衫衣领放码

（五）制板清单

男衬衫毛样板和裁片数量见表4-18。

表4-18 男衬衫毛样板和裁片数量表　　　　　　　　　　　单位：片

部件名称	毛样板数量			裁片数量		
	面料	里料	辅料	面料	里料	辅料
前衣片	1	0	0	2	0	0
后衣片	1	0	0	1	0	0
后过肩	1	0	0	2	0	0
衣袖	1	0	0	2	0	0
袖克夫	1	0	0	4	0	0
翻领	1	0	0	2	0	0
领座	1	0	0	2	0	0
胸贴袋	1	0	0	1	0	0
大袖衩	1	0	0	2	0	0
小袖衩	1	0	0	2	0	0
合计	10	0	0	20	0	0

第六节　男夹克衫制板与放码

一、生产通知单及款式图

（一）生产通知单

表4-19为某制衣有限公司生产通知单。

表4-19　某制衣有限公司生产通知单

| 客户： | 款号：WK-508A | | 款式：男夹克衫 | | 下单日期： | | |
| | 洗水方法：酵素洗+漂洗 | | 缩水率：经向缩水率4.5%、纬向缩水率3% | | 完成日期： | | |

| 款式图： | 尺寸表 | | | | | | 单位：cm |

部位	洗水前尺寸			洗水后尺寸			档差
	S	M	L	S	M	L	
胸围	122	126	130	118	122	126	4
下摆围	99	103	107	94	98	102	4
后中长	64	66	68	61	63	65	2
肩宽	52	53.5	55	50	51.5	53	1.5
袖长	59	60.5	62	56.5	58	59.5	1.5
袖口围	25.6	26.4	27.2	24.2	25	25.8	0.8
领围	46	47	48	44	45	46	1
下摆拉祥（长×宽）	6×6						0

| 裁剪数量：420件 | 裁床比例 | 0.5 | 2 | 0.5 | 计划用料： |

物料通知单

名称	代号	数量	部位与用法	备注
主标	NT-1004	1个	后育克领口中下2.5cm处	
号型标	HT-3220	1个	主标之下（100%棉可烫）	
拷边线	202	50m/件	拷边（白色）	
锁眼线	202	120m/件	底线、锁扣眼线	
面缝线	203	140m/件	面线	
纽扣	1001	6颗	下摆、袖口	
合格证	BZI009	1个	拉链锁好于领口下	
双折标	NT2127	1个	右插袋口下	
拉链	IE-1008	1个	前门襟	

制造说明：

1.前片装有两个斜插袋，按实样，四边车缉0.1cm明线。右插袋口下装一个双折标，按实样。门襟装拉链，车止口宽1cm

2.埋夹机缝合后过肩与后衣片，里布中领下2.5cm处装主标，主标下夹缝号型标。平车上领，车双线，领高10cm，领尖8cm

3.五线车缉上衣袖，衣袖后侧分割线与后育克分割线对齐，拷边车双线。袖衩打套结，袖口打褶，缉袖克夫，压双针线，袖克夫宽5cm

4.下摆宽6cm，四周车双线，两侧装拉祥，四周车双线

5.袖底缝、侧缝用五线车缝合

6.袖克夫、下摆拉祥各锁1个纽眼，袖克夫钉1粒纽扣，下摆钉2粒纽扣，按照实样进行

从表4-19可以得知，该订单是生产男夹克衫，前片装有两个斜插袋，后片有育克。号型规格

有三个，成衣洗水要注意洗水前后样板的尺寸变化。在制板时需要注意缝纫制作时选用的缝纫设备和缝制工艺要求。

（二）款式图

男夹克衫的前衣片两侧有斜插袋，袋口有宽嵌线条，门襟装拉链。后衣片育克横向分割，下摆克夫两侧有拉裢，前中拉链两侧有拼接。衣袖在一片袖基础上，后侧有分割线，与后片育克对齐，装袖克夫，袖口打褶。衣领造型为尖领，属于开关领（图4-36）。

图4-36　男夹克衫款式图

二、制板与放码

（一）制板与放码档差尺寸表

以M码男夹克衫为基本码进行制板与放码，其档差尺寸见表4-20。

表4-20　制板尺寸与放码档差尺寸　　　　　　　　　　　　　　单位：cm

部位	胸围（B）	下摆围	后中长（L）	肩宽（S）	袖长（SL）	袖口围（CW）	领围（N）
规格	126	103	66	53.5	60.5	26.4	47
档差	4	4	2	1.5	1.5	0.8	1

（二）样板制作

1. 衣身样板

夹克衫衣身样板见图4-37。

2. 衣袖样板

男夹克衫衣袖样板见图4-38。

3. 衣领样板

男夹克衫衣领样板见图4-39。

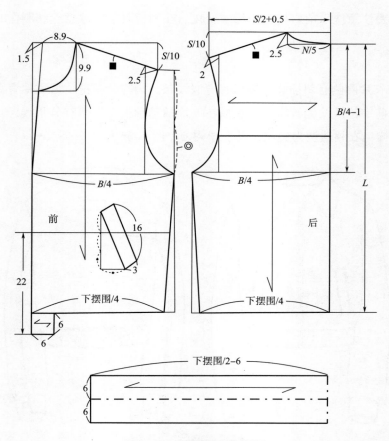

图4-37　夹克衫衣身样板

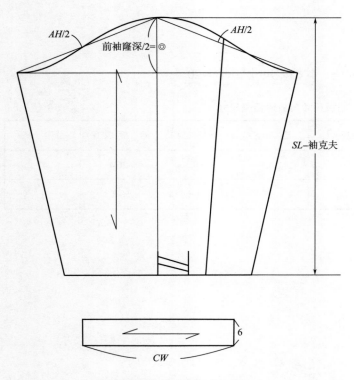

图4-38　男夹克衫衣身样板

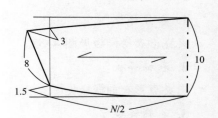

图4-39　男夹克衫衣领样板

（三）面料毛样板

男夹克衫面料毛样板见图4-40。

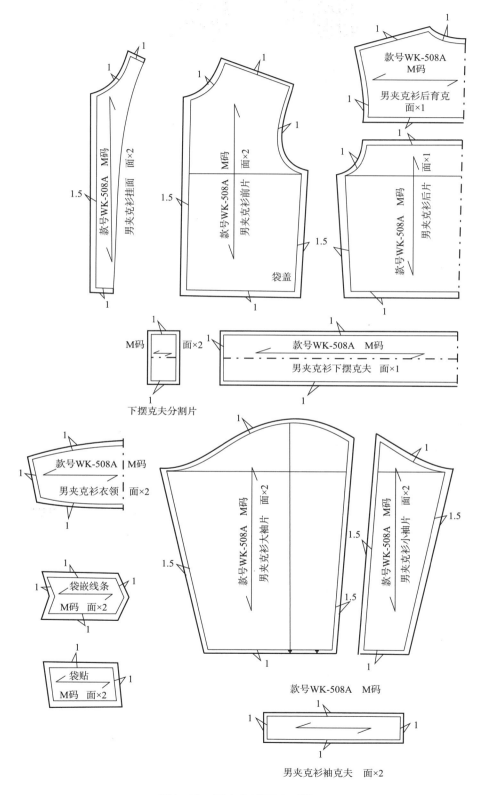

图4-40　男夹克衫面料毛样板

（四）男夹克衫放码

1. 前衣片放码

男夹克衫前衣片放码见图4-41。

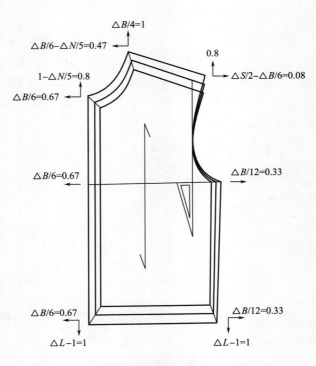

图4-41　男夹克衫前衣片放码

2. 后衣片放码

男夹克衫后衣片放码见图4-42。

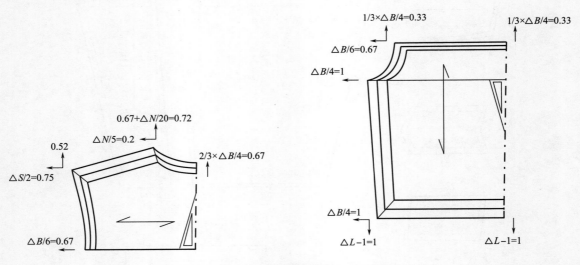

图4-42　男夹克衫后衣片放码

3. 衣袖放码

男夹克衫衣袖放码见图4-43。

4. 衣领放码

男夹克衫衣领放码见图 4-44。

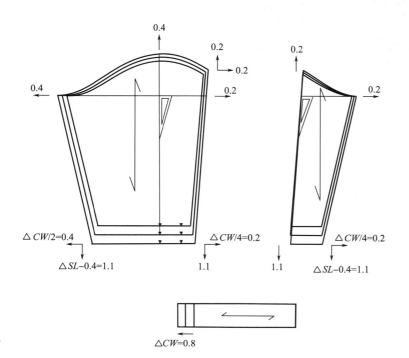

图4-43　男夹克衫衣袖放码

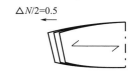

图4-44　男夹克衫衣领放码

5. 零部件放码

男夹克衫零部件放码见图 4-45。

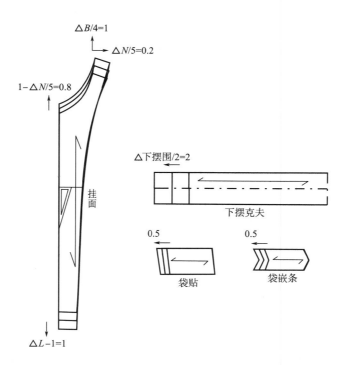

图4-45　男夹克衫零部件放码

（五）制板清单

男夹克衫毛样板和裁片数量见表4-21。

表4-21　男夹克衫毛样板和裁片数量表　　　　　　　　　　　单位：片

部件名称	毛样板数量			裁片数量		
	面料	里料	辅料	面料	里料	辅料
前衣片	1	0	0	2	2	0
后衣片	1	0	0	1	0	0
后过肩	1	0	0	1	0	0
后衣片（不分割）	0	1	0	0	1	0
下摆克夫	1	0	0	1	0	0
挂面	1	0	0	2	0	0
大袖片	1	0	0	2	2	0
小袖片	1	0	0	2	2	0
袖克夫	1	0	0	4	0	0
领面	1	0	0	1	0	0
领里	1	0	0	1	0	0
袋盖	1	0	0	2	0	0
袋贴	1	0	0	2	0	0
袋布	0	1	0	0	4	0
合计	12	2	0	21	11	0

第七节　刀背缝女时装制板与放码

一、生产通知单及款式图

（一）生产通知单

表4-22为某服装厂生产通知单。

从表4-22可以得知，该订单是生产刀背缝女时装，号型规格有四个，基本码是T1码，尺寸表里提供了成品前和成品后尺寸，注意制板时要按照成品前尺寸，这样缝制后才能满足成品后的尺寸要求。同时需要注意缝纫制作时选用的缝纫设备和缝制工艺要求，在制板时要加以考虑。

（二）款式图

刀背缝女时装的前中片的造型为不规则分割缝加连身立领，门襟为对襟，后片有刀背分割缝，衣袖为袖中线分割的两片袖，后袖片有袖肘省（图4-46）。

表4-22　某服装厂生产通知单

货名：刀背缝女时装		款号：WM0060810			合同：GMBH20060810		
合约数量：200件		布料：A2、A5木棉纱			落货日期：		
洗水标：1个	烟治标：1个		商标：1个		发单日期：		
部位	尺寸表　　　　　　　　　　　　　　　　　　　　　　　　　　　　单位：cm						
	成品前尺寸				成品后尺寸		
	T1码	T2码	T3码	T4码	T1码	T2码	T3码	T4码
后中长	62.5	64	65.5	67	60.5	62	63.5	65
领围	40	41	42	43	39	40	41	42
胸围	94	98	102	106	88	92	96	100
后腰节长	38	39	40	41	37	38	39	40
肩宽	39.3	40.5	41.7	42.9	36.8	38	39.2	40.4
袖长	58.5	60	61.5	63	56.5	58	59.5	61
袖口围	26	27	28	29	25	26	27	28
袖窿弧长	45	47	49	51	42	44	46	48
裁床比例					1	2	2	1
头板码数：T1								
布料名称：A2、A5								
主料用量：256m								

款式图：

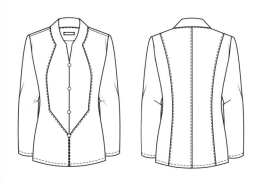

主要工艺要求：
1.后领中处车缝主标，洗水标车缝在左侧缝距下摆10cm处
2.整件服装用五线车缝合，袖衩车缝固定
3.衣领、门襟止口单针单线车缝0.2cm宽
4.拉紧门襟盖住止口线，注意门襟收缩，车缉明线，针距为5针/cm
5.其余按照样板执行

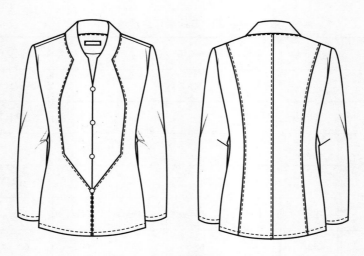

图4-46　刀背缝女时装款式图

二、制板与放码

（一）制板与放码档差尺寸表

以 T1 码刀背缝女时装为基本码进行制板与放码，其档差尺寸见表 4-23。

表4-23　制板尺寸与放码档差尺寸　　　　　单位：cm

部位	后中长（L）	领围（N）	胸围（B）	背长（WL）	肩宽（S）	袖长（SL）	袖口围（CW）	袖窿弧长（AH）
规格	62.5	40	94	38	39.3	58.5	26	45
档差	1.5	1	4	1	1.2	1.5	1	2

（二）样板制作

1. 衣身、衣领样板

刀背缝女时装衣身、衣领样板见图 4-47。

2. 衣袖样板

刀背缝女时装衣袖样板见图 4-48。

3. 零部件样板

刀背缝女时装零部件样板见图 4-49。

（三）面料毛样板

刀背缝女时装面料毛样板见图 4-50。

（四）刀背缝女时装放码

1. 前衣片、衣领放码

刀背缝女时装前衣片、衣领放码见图 4-51。

2. 后衣片放码

刀背缝女时装后衣片放码见图 4-52。

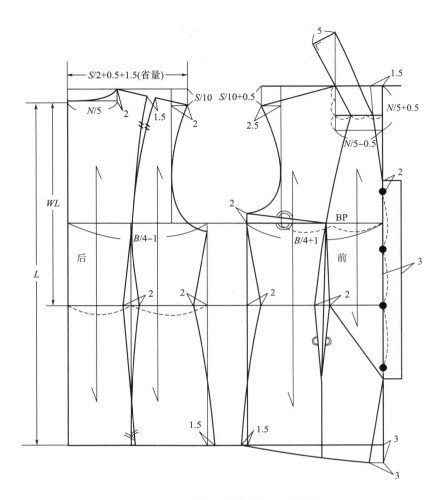

图4-47　刀背缝女时装衣身、衣领样板

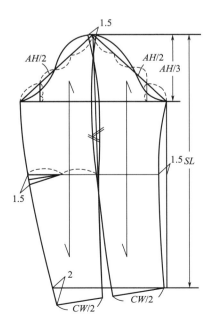

图4-48　刀背缝女时装衣袖样板

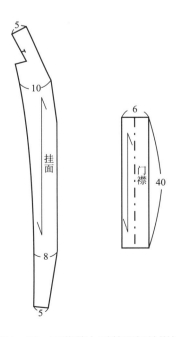

图4-49　刀背缝女时装零部件样板

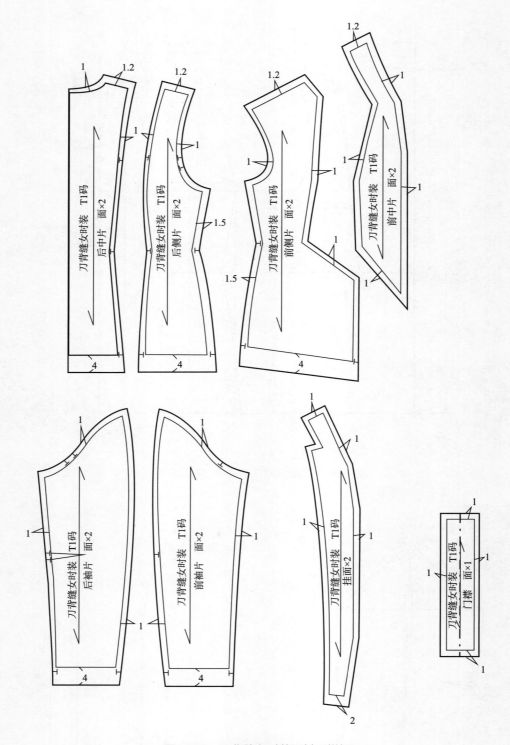

图4-50　刀背缝女时装面料毛样板

3. 衣袖放码

刀背缝女时装衣袖放码见图4-53。

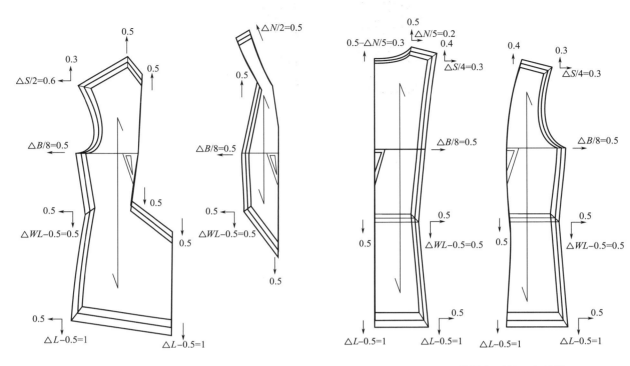

图4-51　刀背缝女时装前衣片、衣领放码　　　　　　图4-52　刀背缝女时装后衣片放码

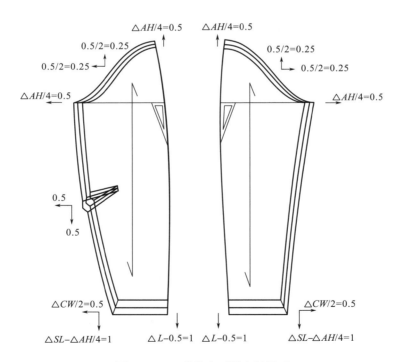

图4-53　刀背缝女时装衣袖放码

4. 零部件放码

刀背缝女时装零部件放码见图 4-54。

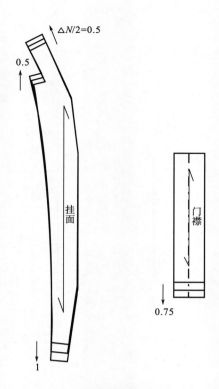

图4-54 刀背缝女时装零部件放码

（五）制板清单

刀背缝女时装毛样板和裁片数量见表 4-24。

表4-24 刀背缝女时装毛样板和裁片数量表   单位：片

部件名称	毛样板数量			裁片数量		
	面料	里料	辅料	面料	里料	辅料
前中片	1	0	0	2	0	0
前侧片	1	0	0	2	0	0
后中片	1	0	0	2	0	0
后侧片	1	0	0	2	0	0
前袖片	1	0	0	2	0	0
后袖片	1	0	0	2	0	0
挂面	1	0	0	2	0	0
门襟	1	0	0	1	0	0
合计	8	0	0	15	0	0

第八节　男西服制板与放码

一、生产通知单及款式图

（一）生产通知单

表4-25为某制衣厂生产通知单。

表4-25　某制衣厂生产通知单

制造商		款式		款号	
客户		数量		面料	
合同号		制造单号		交货日期	

款式图：	预裁数量：1200件	预计用布数量：
	洗水方法：	实际用布数量：
	裁床完成日期：	
	车间完成日期：	
	洗水完成日期：	
	包装完成日期：	

部位	码数			档差
	S	M	L	
后衣长	70cm	74cm	78cm	4cm
胸围	104cm	108cm	112cm	4cm
肩宽	44.5cm	46cm	47.5cm	1.5cm
袖长	57.5cm	59cm	60.5cm	1.5cm
袖口围	13.5cm	14.5cm	15cm	1cm
后腰节长	41cm	42cm	43cm	1cm
大袋宽	15cm			0
裁床比例	3	5	2	

制造工艺：
1.前中心线和前肩处烫1cm五线牵带，翻折线居中烫1cm五线牵带，驳头、圆下摆和领圈烫1cm无纺衬牵带
2.前片嵌袋袋位跨越前省和侧缝，省和侧缝分缝烫平，回针固定；双嵌线条要宽窄均匀，四角方正
3.装领时，面、里分开装，分缝烫平，左右驳头要对称

　　从表4-25可以得知，该订单是生产男西服，造型为三开身，前衣片有2个有袋盖的双嵌线袋，左胸处有单嵌线手巾袋，领型为平驳领，袖型为两片袖。预计生产数量是1200件，号型规格有三个，裁床比例为S：M：L=3：5：2。

（二）款式图

男西服结构为三开身，领型为平驳领，前片有 2 个双嵌线袋，装袋盖，袋口与腰省相连形成横向分割，塑造服装立体形态，左胸处有 1 个单嵌线手巾袋，门襟为单排三粒扣（图 4-55）。

图4-55　男西服款式图

二、制板与放码

（一）制板与放码档差尺寸表

以 M 码男西服为基本码进行制板与放码，其档差尺寸见表 4-26。

表4-26　制板尺寸与放码档差尺寸　　　　　　　　　　单位：cm

部位	后衣长（L）	胸围（B）	肩宽（S）	袖长（SL）	袖口围（CW）	后腰节长（WL）
规格	74	108	46	59	14.5	42
档差	2	4	1.5	1.5	1	1

（二）样板制作

1. 衣身、衣领样板

男西服衣身、衣领样板见图 4-56。

2. 衣袖样板

男西服衣袖样板见图 4-57。

（1）大袖片样板制作说明：

①袖山高：从后肩斜线至背宽线的 1/2 处确定袖山高。

②偏袖吻合点：在前胸宽线上取袖山高的 1/5 处确定 C 点。

③绱袖点：沿前袖窿弧线测量肩点 A' 点至 C 点的弧线长度 $A'C$，从 C 点斜量弧线长度 $A'C$，与袖山高相交于 a 点。

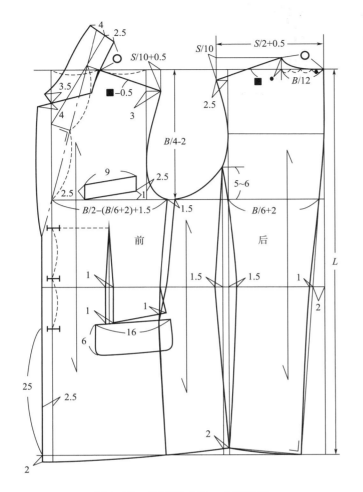

图4-56 男西服衣身、衣领样板

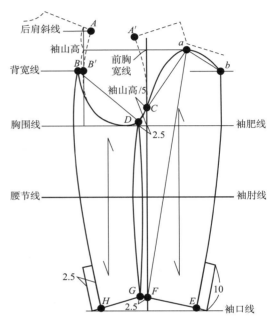

图4-57 男西服衣袖样板

④袖长线：从 a 点斜量袖长59cm与前胸宽线相交于 F 点。

⑤袖底缝点：沿后袖窿弧线测量肩点 A 点至 B 点的弧线长度 AB，再从 a 点斜量弧线长度 AB+（1~2）cm（依据面料厚薄和吃缝量大小决定）与背宽线相交于 b 点。

⑥袖口大：从 F 点垂直于袖长线做袖口线，取袖口大确定 E 点。

⑦偏袖宽：距前胸宽线2.5cm处与前袖窿弧线相交确定 D 点；F 点水平距离2.5cm处确定 G 点。

⑧大袖片轮廓线：画出袖山弧线（$D \sim C \sim a \sim b$）、袖底线（$b \sim E$）、袖口线（$F \sim E$）、袖侧缝线（$D \sim G$），弧线要画圆顺。

⑨袖衩：在袖口线向上画出，长10cm，宽2.5cm。

（2）小袖片样板制作说明：

①袖底缝点：确定沿后袖窿弧线测量 B 点至 D 点的弧线长度 BD，从 D 点斜量弧线长度 BD−（1~2）cm− 省大1.5cm，与背宽线相交于 B' 点。

②袖口大：从 G 点斜量袖口大 −2.5cm，与水平袖口线相交于 H 点。

③小袖片轮廓线：画出袖山弧线（$B' \sim D$）、袖侧缝线（$D \sim G$）、袖底线（$B' \sim H$），弧线要画圆顺。

④袖衩：在袖口线向上画出，长10 cm，宽2.5cm。

3. 零部件样板

男西服零部件样板见图 4-58。

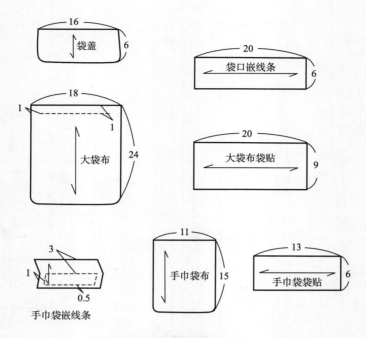

图4-58　男西服零部件样板

（三）面料毛样板

男西服面料毛样板见图 4-59。

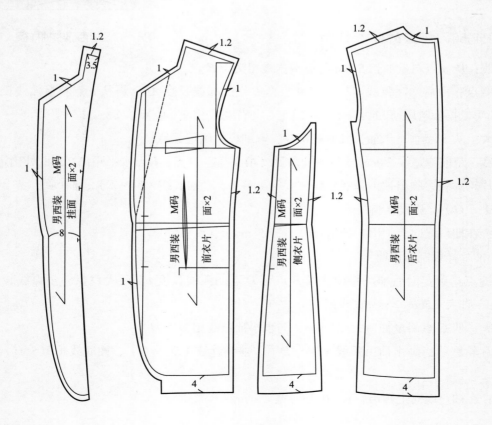

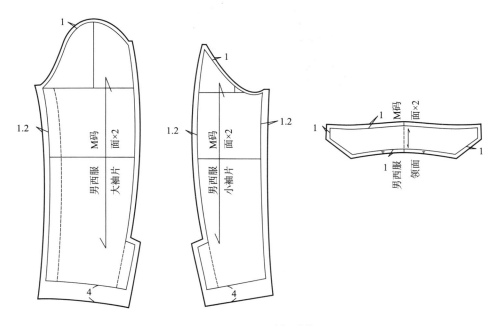

图4-59　男西服面料毛样板

（四）里料样板

男西服里料毛样板见图4-60。

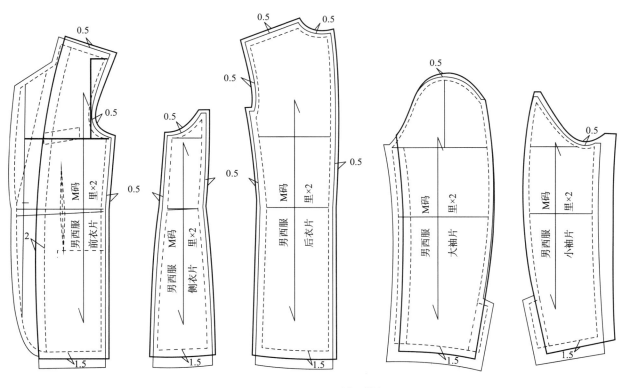

图4-60　男西服里料毛样板

男西服对位刀眼部位和数量见表4-27。

表4-27 男西服对位刀眼部位和数量表　　　　　　　　　　单位：个

样片名称	面料刀眼部位	数量	里料刀眼部位	数量
前衣片	绱领点	3	对袖点	6
	对袖点		对耳朵皮点	
	断缝对腰点		两边对腰点	
侧衣片	两边对腰点	2	两边对腰点	2
后衣片	后袖窿深1/2处	3	两边对腰点	2
	两边对腰点			
大袖片	对袖点	4	袖中点	3
	袖中点		两边袖肘点	
	两边袖肘点			
小袖片	两边袖肘点	2	两边袖肘点	2
挂面	对耳朵皮点	3		
	对腰点			
领面	上下领中点	4		
	肩缝对应点			
领里	肩缝对应点	1		
合计	22		15	

（五）男西服放码

1. 前衣片放码

男西服前衣片放码见图4-61。

2. 侧衣片放码

男西服侧衣片放码见图4-62。

3. 后衣片放码

男西服后衣片放码见图4-63。

4. 衣袖放码

男西服衣袖放码见图4-64。

5. 衣领放码

男西服衣领放码见图4-65。

6. 零部件放码

男西服零部件放码见图4-66。

（六）制板清单

男西服毛样板和裁片数量见表4-28。

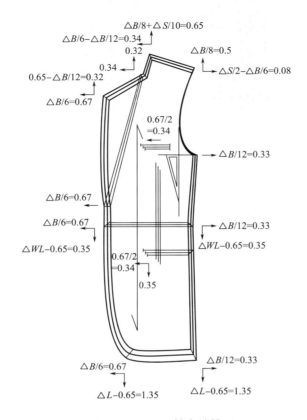

图4-61　男西服前衣片放码

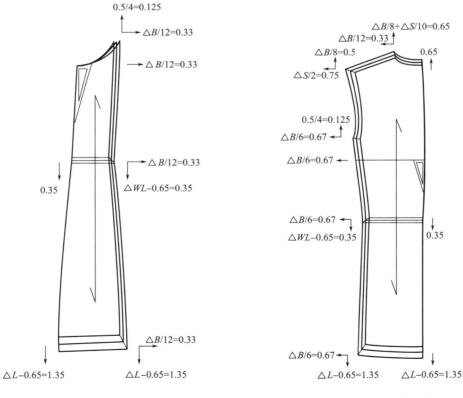

图4-62　男西服侧衣片放码　　　　　图4-63　男西服后衣片放码

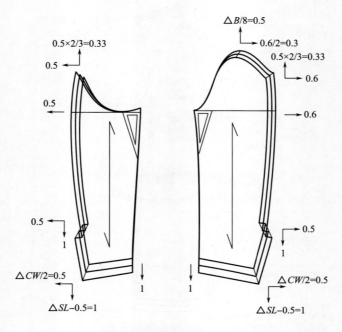

图4-64　男西服衣袖放码

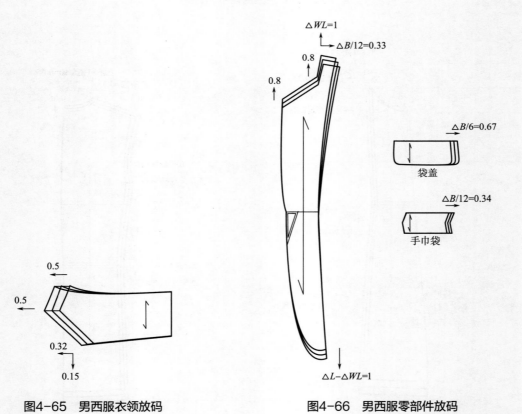

图4-65　男西服衣领放码　　　　　图4-66　男西服零部件放码

表4-28　男西服毛样板和裁片数量表 　　　　　　　　　　　　　单位：片

部件名称	毛样板数量			裁片数量		
	面料	里料	辅料	面料	里料	辅料
前衣片	1	1	0	2	2	0
侧衣片	1	1	0	2	2	0
后衣片	1	1	0	2	2	0
大袖片	1	1	0	2	2	0
小袖片	1	1	0	2	2	0
挂面	1	0	0	2	0	0
领面	1	0	0	1	0	0
领底	1	0	0	2	0	0
手巾袋嵌条	1	0	0	1	0	0
手巾袋袋贴	0	1	0	1	0	0
手巾袋袋布	0	0	1	0	0	2
袋盖	1	0	0	2	2	0
袋口嵌线条	1	0	0	4	0	0
大袋布袋贴	0	1	0	0	2	0
大袋布	0	0	1	0	0	4
耳朵皮	1	0	0	2	0	0
里袋袋口线	0	1	0	0	2	0
里袋袋盖	0	1	0	0	2	0
里袋袋布	0	0	1	0	0	4
合计	12	9	3	25	18	10

服装来样制板、服装看图制板、服装看单制板是服装企业常用的制板方法，通过这些制板方法，企业可以根据客户的要求和设计方案，制作出符合客户需求的样衣和产品。这有助于巩固企业与客户之间的沟通和合作，提高产品的质量和满意度。同时，通过制板也可以帮助企业提前了解成品的效果和可能存在的问题，以便及时进行调整和改进，减少生产过程中的风险和成本。

第五章

服装制板方法

第一节　服装来样制板

服装来样制板是指企业根据客户提供的样衣，通过测量获得服装各部位尺寸，并制作出与样衣款式和尺寸相同的服装样板，然后进行放码制成多个规格的全套工业样板，也称为"短寸裁剪法""来样打板""扒板""剥样"等，是工业化成衣生产中主要采用的制板方法之一。

一、服装来样制板的流程

服装来样制板的标准是要求制板师根据来样，从外部轮廓到内部结构完全按原样复制，因此对制板师的制板技艺水平有着较高的要求。为了更加准确地分析样衣，通常在"剥样"绘制样板前，需要将来样穿在标准人台上，或由真人试穿，通过认真观察，分析服装外部轮廓与局部造型之间的关系，然后对来样各细部尺寸进行准确测量，严格按照测量数据进行样板设置，并制作成样衣与来样进行比较分析，找出存在差异的地方，同时对样板进行修改，直至制作完成与来样相同的成品。

二、服装来样制板的测量方法

掌握服装来样制板的技能，主要的难点与重点是掌握正确的服装测量方法，获得服装各部位的精确尺寸，为制板提供依据。一般可采用"横平竖直"的定点定位方法，分段对样衣进行测量。具体测量方法如下：

（1）将来样平铺在台面上，摆放平整，不能堆积层叠。

（2）确定来样上重要的测量点和测量线的位置，作为测量的基准。

（3）采用正确的测量方法分别对来样的长度、围度、宽度、高度等各部位尺寸进行测量和记录。

（4）对于内部结构设计要素，如分割线的位置和形状、省道的位置等，也要进行测量和记录。

（5）测量时皮尺不宜过紧或过松。

（6）厚型面料（如牛仔服等）要适当增加面料厚度的加放量。

根据以上测量方法获得来样各部位实际尺寸数据，进行工业制板。

三、服装来样制板的实例

（一）男西裤的测量方法和样板制作

1. 前裤片的测量方法和样板制作

男西裤前裤片测量方法和样板见图 5-1。

（1）测量外长：从腰围线垂直量至脚口线的长度。

（2）测量内长：从横裆线垂直量至脚口线的长度。

（3）测量前臀围：采用定点定位分段测量的方法，测量门襟处从腰围 a 点至门襟下端 b 点的门襟长，以 ab 长度为基准，分别在两边侧缝线上从腰围线测量 ab 长度，确定两侧 b 点，通过三个 b 点形成 "V" 形测量臀围。

（4）测量前横裆宽：在横裆线上从外侧缝横量至裆缝十字处。

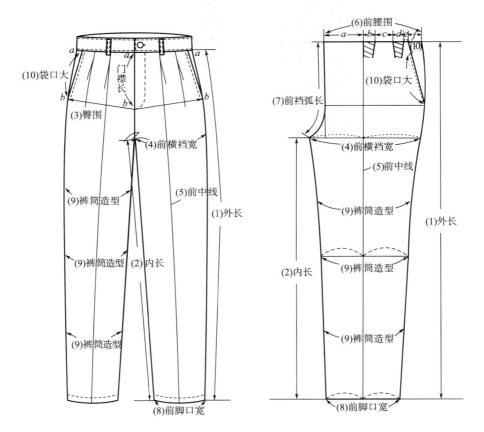

图5-1　前裤片测量方法和样板

（5）定出前中线：在横裆线上从小裆宽的裆缝十字处向外侧缝的中点作垂线为裤中线，也称为前烫迹线。

（6）测量前腰围：在腰围线上采用定点定位分段测量方法，包括以下几处：

a. 测量门襟到裤中线（第一个褶位）的宽度（一般男西裤的第一个褶位在裤中线处）。

b. 测量第一个褶量大。

c. 测量第一个褶位至第二个褶位的宽度。

d. 测量第二个褶量大。

e. 测量第二个褶位至斜插袋的距离。

f. 测量斜插袋至外侧缝的距离。

计算 *a*+*b*+*c*+*d*+*e*+*f* 之和为前腰围。

（7）测量前裆弧长：从裆缝十字处沿前裆缝量至腰围线的弧线长度。

（8）测量前脚口宽：在脚口线横量前裤脚口的宽度。

（9）确定裤筒造型：采用定点定位分段测量方法，在裤筒上横裆至中裆之间、中裆至脚口之间各设定一组对点位，以裤中线为中心线水平测量两边裤筒的宽度。设定的测量点数量越多，裤筒造型越准确。

（10）确定斜插袋位置：在斜插袋位置上测量袋口上端距腰围线的长度，以及测量袋口的长度。

（11）样板制作：测量获得以上前裤片各部位尺寸后，按照"短寸法"以点画弧，绘制前裤片样板。

2. 后裤片的测量方法和样板制作

男西裤后裤片测量方法和样板见图5-2。

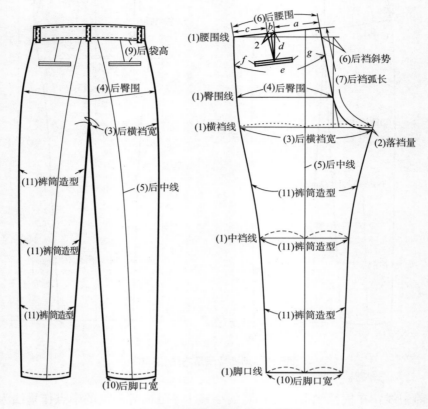

图5-2 后裤片测量方法和样板

（1）样板制作：依据前裤片样板，绘制后裤片的腰围线、臀围线、横裆线、中裆线、脚口线等横向结构线。

（2）测量落裆量：落裆量的作用是调节前、后裤片的内裆缝长度，使其等长。将裤筒铺平，特别是横裆部位要平整，不能起皱褶，并在横裆线上裆缝十字处垂直测量。落裆量一般为 0.8～1cm。

（3）测量后横裆宽：在横裆线上测量裤筒两边外侧之间的横裆宽度，后横裆＝横裆宽度 ×2－前横裆宽。测量时注意皮尺不宜过松或过紧，以及考虑到裤筒两边缝份对折的厚度的影响，要适当增加面料厚度的加放量。

（4）测量后臀围：和前裤片臀围测量方法相同，采用"V"形测量的方法，获得两边外侧之间的臀围尺寸，后臀围＝臀围尺寸 ×2－前臀围。测量时注意皮尺不宜过松或过紧，以及侧缝两边缝份对折厚度的影响，要适当增加面料厚度的加放量。

（5）定出后中线：在横裆线从大裆宽的裆缝十字处到外侧缝的中点作垂线为裤中线，也称为后烫迹线。

（6）测量后裆斜势：这个部位较难测量，按照实际生产经验，一般测量方法是从后裆缝上的臀围点向腰围线作垂线，测量在腰围线上至后裆缝的宽度，称为后裆斜势。

（7）测量后裆弧长：从裆缝十字处沿后裆缝量至腰围线的弧线长度。

（8）测量后腰围：在腰围线上采取定点定位分段测量方法，包括以下几处：

a. 测量从后裆斜线至腰省的宽度。

b. 测量腰省大小，一般男装腰省量为 1.5cm 左右。如果有两个后腰省，则还要测量出两省之间的宽度。

c. 测量腰省至外侧缝的宽度。

d. 测量省长。

计算 *a+b+c* 之和为后腰围。

（9）确定后袋位置：

①口袋高度位置：测量口袋与腰围线之间的距离。

②口袋水平位置：采取定点定位分段测量方法，先测量口袋所在位置后裆斜线至外侧缝的宽度（*e*），再分别测量口袋与外侧缝（*f*）、口袋与后裆斜线（*g*）的宽度，口袋长度 =*e*−*f*−*g*。一般不宜直接在口袋上测量尺寸，因为缝制后口袋长度会有一个自然的收缩量，直接测量的数据不准确。分段测量的口袋长度再与直接测量的口袋长度进行对比，就可以知道缝制时的收缩量。

（10）测量后脚口宽：在脚口线横量裤筒两边外侧之间的脚口宽度，后脚口宽 = 脚口宽度 ×2−前脚口宽。以裤后中线为中心线均分后脚口宽，标出裤脚口处的内、外侧缝的两个点。测量时注意裤筒两边缝份对折的厚度影响，要适当增加面料厚度的加放量。

（11）确定裤筒造型：采用和前裤片相同的定点定位分段测量方法。在裤筒上横裆至中裆之间、中裆至脚口之间各设定一对点位，水平测量点位处两边裤筒宽度，后裤筒宽 = 裤筒宽度 ×2−前裤筒宽。以裤后中线为中心线均分后裤筒宽，标出裤筒的内、外侧缝的点位，最后连点画弧形成裤筒造型。测量时注意裤筒两边缝份对折的厚度影响，要适当增加面料厚度的加放量。

（12）样板制作：测量获得以上后裤片各部位尺寸后，按照"短寸法"以点画弧绘制后裤片工业样板。

3. 零部件的测量方法和样板制作

（1）测量腰头：测量腰头的长 × 宽。测量时注意皮尺不宜过松或过紧，如果对折测量要适当增加两边对折面料厚度的加放量。一般加放量是 1 ～ 1.5cm。腰头测量方法与样板见图 5−3。

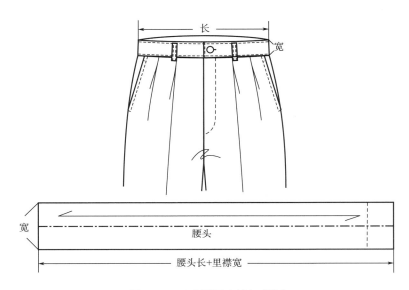

图5-3　腰头测量方法与样板

（2）测量门襟、里襟：测量门襟、里襟的长 × 宽，样板尽量复制来样。门襟、里襟的测量方法与样板见图5-4。

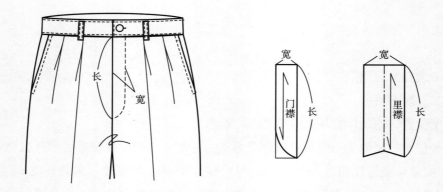

图5-4　门襟、里襟的测量方法与样板

（3）测量口袋布：测量口袋布的长 × 宽，样板尽量复制来样。口袋布的测量方法与样板见图5-5。

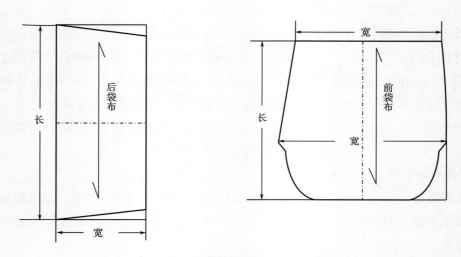

图5-5　口袋布的测量方法与样板

（4）测量串带、前袋贴、后袋贴：测量串带、前袋贴、后袋贴的长 × 宽，样板尽量复制原样。串带、前袋贴、后袋贴的测量方法与样板见图5-6。

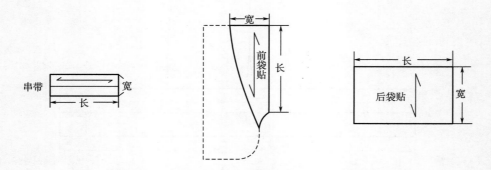

图5-6　串带、前袋贴、后袋贴的测量方法与样板

（二）男夹克衫的测量方法和样板制作

1. 前衣片的测量方法和样板制作

男夹克衫前衣片测量方法和样板见图5-7。

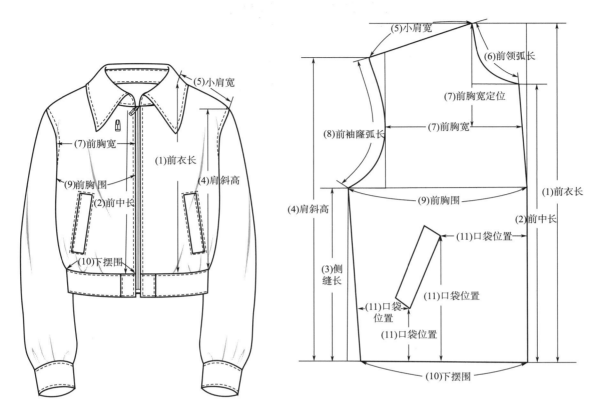

图5-7 前衣片测量方法和样板

（1）测量前衣长：从肩颈点向下垂直量至下摆线的长度。

（2）测量前中长：从前领深点向下垂直量至下摆线的长度。

（3）测量侧缝长：从袖窿底点向下垂直量至下摆线的长度。

（4）测量肩斜高：从肩端点向下垂直量至下摆线的长度。

（5）测量小肩宽：从肩端点量至肩颈点的长度。

（6）测量前领弧长：从前领深点沿领口弧线量至肩颈点的弧线长度。测量时注意皮尺不宜过松或过紧。

（7）测量前胸宽：从前领深点或肩颈点向下定点定位，水平测量袖窿底点至前中线之间的宽度，定点位越多则袖窿造型越准确。

（8）测量前袖窿弧长：从袖窿底点沿袖窿弧线量至肩端点的弧线长度。测量时注意皮尺不宜过松或过紧。

（9）测量前胸围：从袖窿底点水平量至前中线的宽度。测量时注意侧缝缝份对折的厚度影响，要适当增加面料厚度的加放量。

（10）测量前衣片的下摆围：在下摆线上从侧缝量至前中线的宽度。测量时注意侧缝缝份对折的厚度影响，要适当增加面料厚度的加放量。

（11）确定口袋位置：采取定点定位分段测量方法，分别测量口袋端点在上、下、左、右位置的距离。

（12）样板制作：测量获得以上前衣片各部位尺寸后，按照"短寸法"结构制图方法，以点画弧绘制前衣片工业样板。

2. 后衣片的测量方法和样板制作

男夹克衫后衣片测量方法和样板见图5-8。

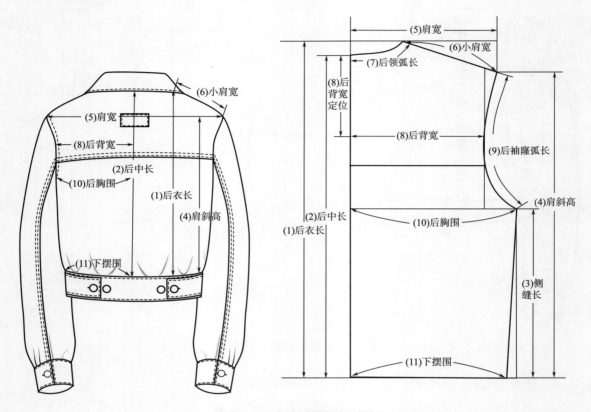

图5-8　后衣片测量方法和样板

（1）测量后衣长：从肩颈点向下垂直量至下摆线的长度。

（2）测量后中长：从后领深点向下垂直量至下摆线的长度。

（3）测量侧缝长：从袖窿底点向下垂直量至下摆线的长度。

（4）测量肩斜高：从肩端点向下垂直量至下摆线的长度。

（5）测量肩宽：从后领深向下定点定位水平测量两边肩端点之间的宽度，也可把来样穿在人台上用皮尺测量肩宽，这种测量方法准确度更高。

（6）测量小肩宽：从肩颈点量至肩端点的长度。

（7）测量后领弧长：从后领深中心点沿领口弧线量至肩颈点的弧线长度。测量时注意皮尺不宜过松或过紧。

（8）测量后背宽：从后领深点向下定点定位水平测量点位处两边袖窿之间的宽度。定点位越多则袖窿造型越准确，如有分割线可以定位在分割线上测量后背宽。

（9）测量后袖窿弧长：从袖窿底点沿后袖窿弧线量至肩端点的弧线长度，测量时注意皮尺不宜过松或过紧。

（10）测量后胸围：从袖窿底点水平量至后中线的宽度。测量时注意侧缝缝份对折的厚度影响，要适当增加面料厚度的加放量。如果后胸围比前胸围大，则在胸围线横量两边的胸围宽度，后胸围＝胸宽×2－前胸围。反之，如果前胸围比后胸围大时，则前胸围＝胸围宽度×2－后胸围。

（11）测量后衣片的下摆围：在下摆线上从侧缝量至后中线的宽度。

（12）样板制作：测量获得以上后衣片各部位尺寸后，按照"短寸法"结构制图方法，以点画弧绘制后衣片工业样板。

3. 衣袖的测量方法和样板制作

衣袖测量方法和样板见图5-9。

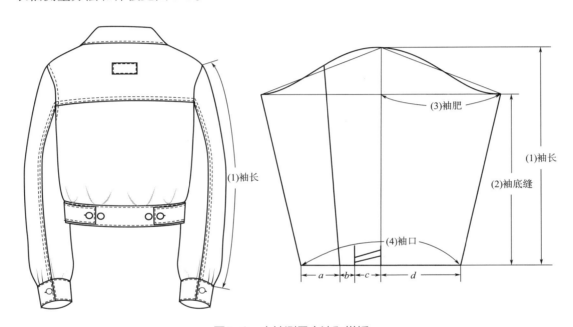

图5-9　衣袖测量方法和样板

（1）测量袖长：从肩端点向下垂直量至袖口线的长度。

（2）测量袖底缝：从袖腋下十字交点向下垂直量至袖口线的长度。

（3）测量袖肥：从袖腋下十字交点横量至袖中线的宽度。

（4）测量袖口围：在袖口线上采用定点定位分段测量方法，包括以下几处：

a.测量小袖底缝至分割线的宽度。

b.测量分割线至第一个褶位的宽度。

c.测量第一个褶量大。

d.测量第一个褶位至大袖底缝的宽度。

计算 *a*+*b*+*c*+*d* 之和为袖口围。

（5）样板制作：测量获得以上衣袖各部位尺寸后，按照"短寸法"以点画弧绘制衣袖工业样板。

4. 衣领的测量方法和样板制作

衣领测量方法和样板见图5-10。

（1）测量后领宽：在衣领后中处采用定点定位分段测量方法，包括以下几处：

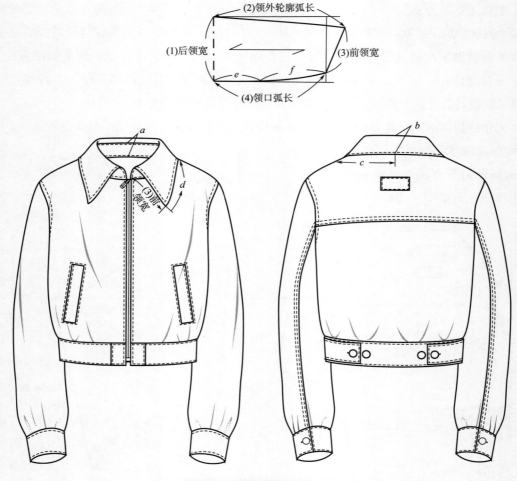

图5-10　衣领测量方法和样板

a. 测量从领口至领翻折线的宽度。

b. 测量从领翻折线至外轮廓线的宽度。

计算 *a+b* 之和为后领宽。

（2）测量领外轮廓弧长：在衣领外轮廓线上采用定点定位分段测量方法，包括以下步骤：

c. 测量从后中至领侧的弧线长度。

d. 测量从领侧至领尖的弧线长度。

计算 *c+d* 之和为领外轮廓弧长。

（3）测量前领宽：测量衣领领尖处的宽度。

（4）测量领口弧长：在领口线上采用定点定位分段测量方法，包括以下几处：

e. 测量从后中心线至领侧的弧线长度。

f. 测量从领侧至前中心线的弧线长度。

计算 *e+f* 之和为领口弧长。

（5）样板制作：测量获得以上衣领各部位尺寸后，按照"短寸法"以点画弧绘制衣领工业样板。

5. 零部件的测量方法和样板制作

男夹克衫零部件测量方法和样板见图5-11。

（1）测量下摆克夫：测量下摆克夫，前中克夫分割片的长 × 宽。测量时注意侧缝缝份对折的厚度影响，要适当增加面料厚度的加放量。

（2）测量袖克夫：测量袖克夫的长 × 宽。

（3）测量挂面：测量挂面在肩线、前领口和下摆处的宽度，测量挂面在前中处的长度，测量挂面在前领弧线长度。

（4）测量口袋：测量口袋嵌条、袋贴、袋布等的长 × 宽。在复制各部件时，要尽量和来样板型一样。对于复杂的部件可采用定点定位分段测量方法。

（5）样板制作：测量获得以上部件各部位尺寸后，按照"短寸法"以点画弧绘制各部件工业样板。

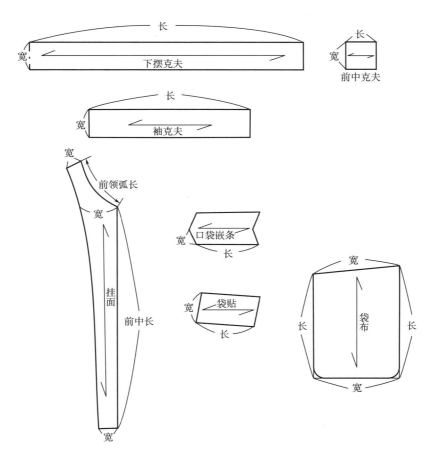

图5-11 零部件测量方法和样板

第二节 服装看图制板

服装看图制板是指根据某一款式服装照片，或者依据设计师设计的服装效果图，通过对款式进行分析、规格设计，制作出与图片款式相同的服装样板，然后进行放码形成多个规格的全套工业样板。

一、服装看图制板的流程

服装看图制板的过程看似简单，实际上有着一定难度，要求制板师不仅要具有较高的专业技能，而且要具备一定的款式设计能力。这是因为服装照片或设计图稿中的服装内部结构有时并不能一目了然，特别是模特拍摄的照片，动态姿势变化较大，常从侧面甚至背面来展示服装，加上光线明暗的变化，都会给制板师的工作带来一定的难度。这就要求制板师必须具备一定的艺术素质以及想象力，能够分析和推断款式的结构与细节，正确解读款式照片或设计图稿。

服装看图制板是工业化成衣生产中主要采用的制板方法之一。一般的步骤包括款式分析、规格设计、结构制图与样板制作、试制样衣、工业放码等环节。

二、服装看图制板的实例

（一）连衣裙

1. 实物照片

连衣裙实物照片见图5-12。

2. 款式分析

该款式是一条假两件连衣裙，分上装和下装两部分：上装为短外套，里层衣身为四开身结构，前、后衣片均有公主分割线，右外层衣身为小A廓型，衣袖为两片式西装袖，衣领为戗驳领。下装为直身裙，前、后裙片各有两个腰省，腰口与里层衣身相连，裙后中有裙衩，侧缝装隐形拉链。根据款式分析绘制其正面、背面款式图，见图5-13。

图5-12　连衣裙实物照片

图5-13　连衣裙款式图

3. 规格设计

连衣裙规格尺寸见表5-1。

表5-1 连衣裙规格尺寸表   单位：cm

规格	部位									
	后中长（L）	肩宽（S）	胸围（B）	腰围（W）	背长（WL）	袖长（SL）	袖肥	袖口围（CW）	领座宽（n_b）	翻领宽（m_b）
M码	110	38	92	76	37.5	58	33	26.5	3	4

4. 结构制图与样板制作

（1）衣身、衣领结构制图见图5-14。

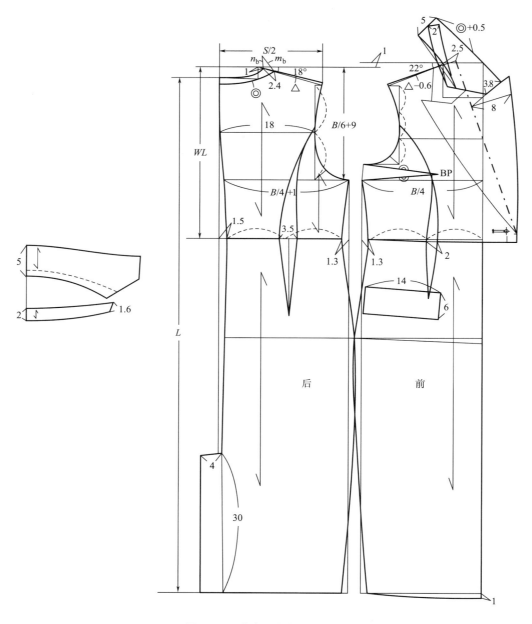

图5-14 衣身、衣领结构制图

（2）衣袖结构制图见图5-15。

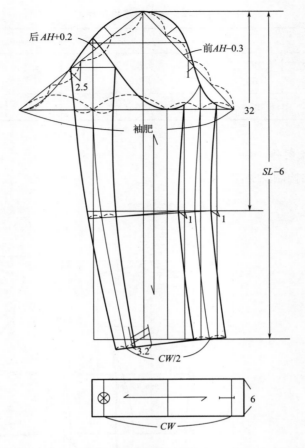

图5-15 衣袖结构制图

（3）前衣片公主线处理见图 5-16。

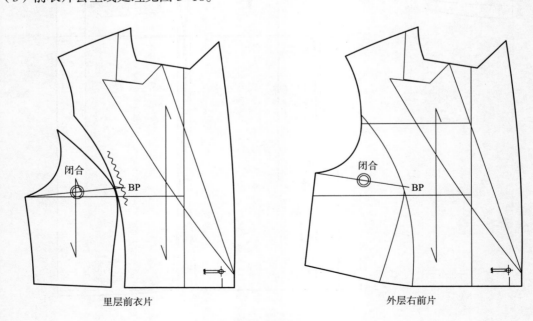

里层前衣片　　　　　外层右前片

图5-16 前衣片公主线处理

（4）面料毛样板见图 5-17。

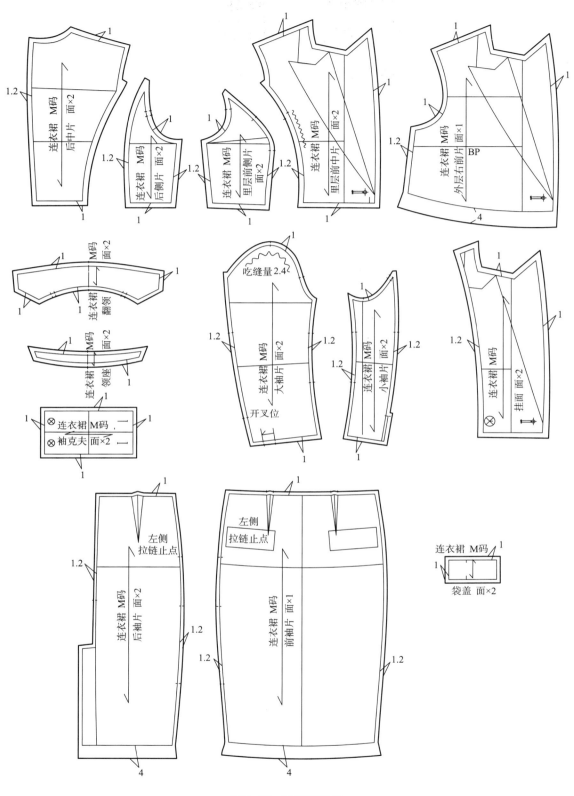

图5-17　面料毛样板

（5）里料样板见图5-18。

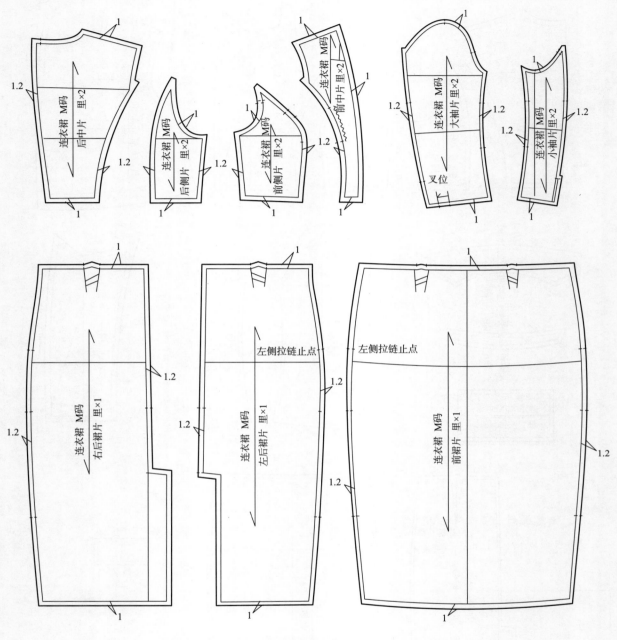

图5-18　里料样板

5. 试制样衣

通过试制样衣进行分析，检查样板能否达到预期的款式设计效果，然后对样板进行修改，直至确认，最后对所有的样板及工艺进行封样。

6. 工业放码

确认大货后，利用基本码样板进行放码，制作该款式的全套工业样板，编写生产通知单，作为工业化生产的技术文件。

（二）女西服

1. 实物照片

女西服实物照片见图5-19。

2. 款式分析

该款式是四开身结构女西服，前、后衣片均有刀背分割线，下端为圆弧形连接到侧缝，圆弧下摆，门襟处为一粒扣，衣袖为两片式西装袖，衣领为平驳领。根据款式分析绘制其正面、背面款式图，见图5-20。

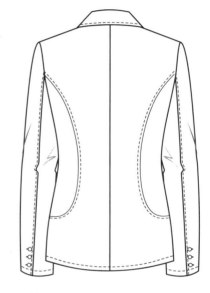

图5-19 女西服实物照片   图5-20 女西服款式图

3. 规格设计

女西服规格尺寸见表5-2。

表5-2 女西服规格尺寸表   单位：cm

规格	部位										
	后中长（L）	肩宽（S）	胸围（B）	腰围（W）	背长（WL）	下摆围	袖长（SL）	袖肥	袖口围（CW）	领座宽（n_b）	翻领宽（m_b）
M码	56	38	90	75	37.5	98	58	33	25	3	4

4. 结构制图与样板制作

（1）衣身、衣领结构制图见图5-21。

（2）衣袖结构制图见图5-22。

（3）面料毛样板见图5-23。

（4）里料样板：

①衣袖里料样板处理见图5-24。

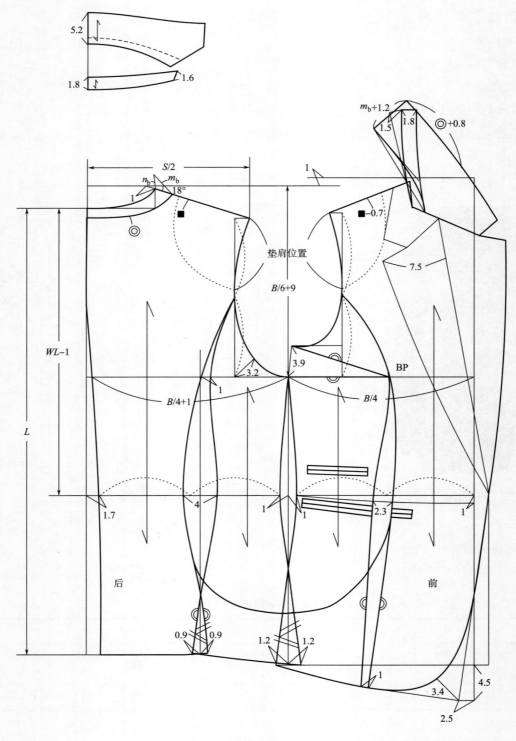

图5-21　衣身、衣领结构制图

②里料毛样板见图5-25。

5. 试制样衣

通过试制样衣进行分析，检查样板能否达到预期的款式设计效果，然后对样板进行修改，直至确认，最后对所有的样板及工艺进行封样。

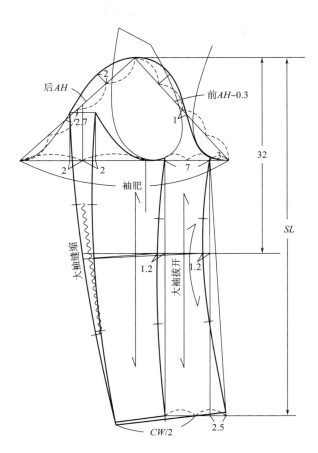

图5-22 衣袖结构制图

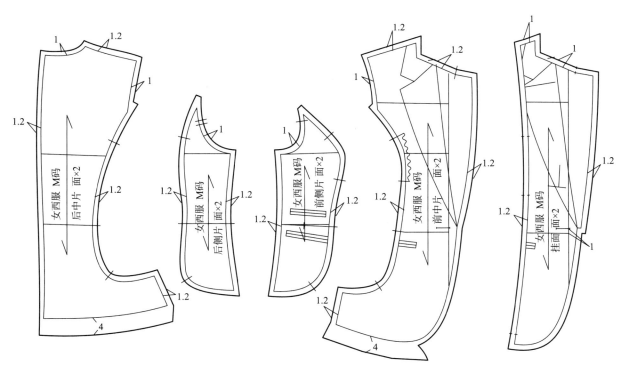

图5-23

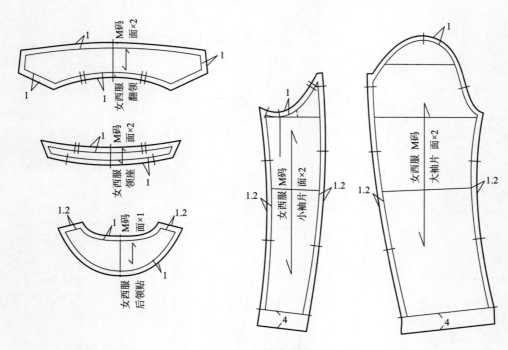

图5-23 面料毛样板

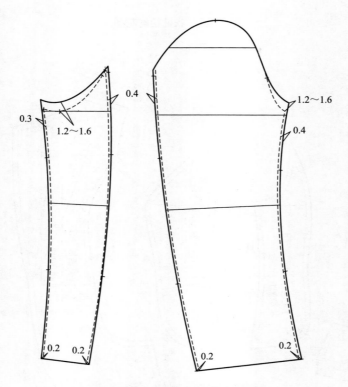

图5-24 衣袖里料样板处理

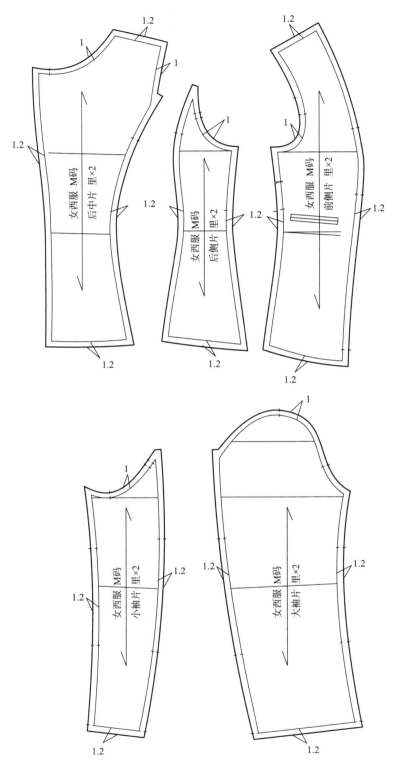

图5-25　里料毛样板

6. 工业放码

　　确认大货后，利用基本码样板进行放码，制作该款式的全套工业样板，编写生产通知单，作为工业化生产的技术文件。

服装工业裁剪是服装生产的重要环节之一，它是一个精细而复杂的过程，直接影响着服装的质量和成本，需要裁剪师具备良好的技术和经验，以确保裁剪出符合设计要求的高质量服装裁片，进而提高企业的市场竞争力。

第六章

服装工业裁剪

第一节　简述服装工业裁剪

服装企业的生产加工过程包括裁剪工序、缝制工序和后整理工序，而裁剪工序居于三大工序之首，它直接决定了服装产品的效果及品质，并对后续工序产生重大影响，是将服装样板实现为成品服装的一道关键工序。

服装工业裁剪是服装投入生产的一道重要工序，是将服装材料按所需的服装样板切割成形状各异、大小不一的衣片，并提供给缝制车间进行成衣生产。

由于各服装厂裁剪部（有的称为裁剪车间或裁床部）的工作量有所不同，有的裁剪量小，有的裁剪量则非常大，所以裁剪部的工序和专业化程度也有所不同。一般裁剪部的主要工作内容包括制作和复制排料图、排料（排唛架）、拉布（铺料）、裁剪、包扎等。服装工业裁剪工作主要包括裁剪分床方案的制定、验布、排料画样、拉布工艺、裁剪工艺、验片、打号、包扎等流程。服装工业化裁剪实行专业分工流水作业后，生产效率得到了显著的提高（图6-1）。

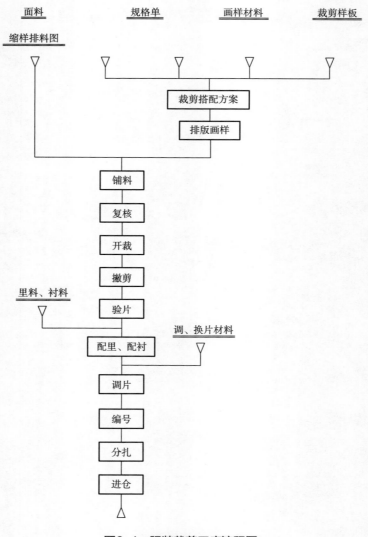

图6-1　服装裁剪工序流程图

第二节　裁剪分床方案的制订

一、裁剪分床的概念

服装生产企业无论是自产自销还是接单定做，都会面临成衣产品批量加工的工作。在成衣产品批量加工的工作中，存在生产数量多、品种多、规格不一、面料耗用量大的问题，为了降低面料的成本，企业裁剪部门的人员必须提高面料的利用率，需对生产订单进行分析，并结合企业生产条件，将生产计划分解，制订出合理的裁剪分配方案。所谓裁剪分配方案就是有计划地将生产订单中的服装数量、规格和颜色合理地安排，将面料的损耗降至最低的裁床作业方案，这一设计过程也称为裁剪分床。

二、裁剪分床方案的内容

1. 分床数量

在整批服装生产任务中，需要分多少床裁剪。

2. 每床铺料层数

在分解的每一个裁床上，应该铺多少层，即所需裁剪面料和辅料的层数。

3. 材料特征

在同一个裁床上，同时铺不同花色的材料，还应注明其材料特征。

4. 规格搭配

在每一个裁床上，确定应该铺哪些规格的产品，每个规格应该铺多少件（套）等。

三、裁剪分床方案的要点

在裁剪分床方案中除了依据生产订单中的各项规定外，还应考虑以下内容。

1. 生产条件

生产条件是制订裁剪分床方案的主要依据。因此，在制订分床方案时，首先要了解生产订单中的产品所需具备的各种生产条件，包括面料的性能、裁剪设备、加工能力和生产人员的能力等，再根据企业现有条件确定分床数、铺料层数和铺料长度等。

2. 生产效率

裁剪分床方案应该尽可能节约人力、物力和时间。依据这一原则，在制订裁剪分床方案时，应该在生产条件许可范围内，尽量减少重复劳动力，充分发挥人员和设备生产的能力。

3. 节约用料

裁剪方式对服装材料的消耗有很大的影响，对于高档及特种材料，由于其价格较高，在制定裁剪分床方案时，每一床上应尽量设计多铺几层，多铺几套不同规格的样板。根据生产实践积累的经验，多种规格进行套裁要比单件剪裁节省用料，尤其对于批量大的产品，在进行设计多种规格套裁的设计方案中省料目的尤为突出。在服装企业，尽可能地减少布料的用量是排料时应遵循的重要原则。

四、裁剪分床方案的制订

在制订裁剪分床方案时，除了要考虑上述三项内容外，还应在不同裁剪分床方案设计中体现多、快、好、省的优点。具体做法参考如下：

1. 唛架搭配

针对制单上的服装尺码、件数、种类进行合理的搭配，遵循节省用料、提高面料利用率的原则。具体的搭配方法首先考虑将件数、比例相同的样板排在一起，其次考虑将小码（S）搭配加大码（XL）、中码（M）搭配大码（L），以达到用料量平均和省料的目的。

例1：某自产自销服装企业有一笔业务，生产订单上显示，该企业需生产1680件男衬衫，面料为100%纯棉，具体尺码、件数分配见表6-1。

表6-1 男衬衫尺码、件数分配表　　　　　单位：件

码数	S	M	L	XL	总计
件数	320	520	520	320	1680

解：

唛架搭配参考如下：

$$（1 + 1）\times 320 = 640（件）$$
S　XL

其中包括：S码320件、XL码320件。合计640件。

$$（1 + 1）\times 520 = 1040（件）$$
M　L

其中包括：M码520件、L码520件。合计1040件。

采用不同尺码套排的方式，分2床完成裁剪工作。

第1床：选取S码与XL码各1件套排，共铺布320层，即S码与XL码各320件。

第2床：选取M码与L码各1件套排，共铺布520层，即M码与L码各520件。

例2：某服装加工厂有一笔业务，生产订单上显示，该工厂需生产1540件女睡衣，面料为全棉，具体尺码、颜色、件数分配见表6-2。

表6-2 女睡衣尺码、颜色、件数分配表　　　　　单位：件

颜色	尺码				
	S	M	L	XL	总计
粉红色	80	160	160	80	480
浅蓝色	90	180	180	90	540
银灰色	100	120	200	100	520

解：

唛架搭配参考如下：

$$（1＋1）×270=540（件）$$

$$S\quad XL$$

其中包括：S 码的粉红 80 件、浅蓝 90 件、银灰 100 件、XL 码的粉红 80 件、浅蓝 90 件、银灰 100 件。合计 540 件。

$$（1＋1）×540=1080（件）$$

$$M\quad L$$

其中包括：M 码的粉红 160 件、浅蓝 180 件、银灰 200 件、L 码的粉红 160 件、浅蓝 180 件、银灰 200 件。合计 1080 件。

2. 裁床数分配

假设以 20cm（8 英寸）刀可裁切最大的高度计算，裁床上涤纶面料可铺 350 层，泡泡纱面料可铺 120～160 层，牛仔面料可铺 70～120 层，格子面料可铺 70 层，如刀变换，拉布高度也随之变换，拉布的最高层在刀口下 3～5cm 即可。

例 3：某服装加工厂一笔加工服装业务，生产订单上显示，该工厂需生产 3080 件全棉女睡衣，可分 4 床裁完。具体尺码、件数分配见表 6-3。

表6-3　全棉女睡衣尺码、件数分配表　　　　　　　　　　　　单位：件

码数	S	M	L	XL	总计
件数	640	900	900	640	3080

解：

唛架搭配与裁床分床数参考如下：

$$（1＋1）×320×2=1280（件）$$

$$S\quad XL$$

$$（1＋1）×450×2=1800（件）$$

$$M\quad L$$

采用不同尺码套排的方式，共分 4 床完成裁剪工作。

第 1 床：选取 S 码与 XL 码各 1 件套排，共铺布 320 层，S 码与 XL 码各 320 件，共 640 件。

第 2 床：与第 1 床套排尺码和铺布层数相同，即第 1 床和第 2 床，S 码与 XL 码服装各 640 件，总计 1280 件。

第 3 床：选取 M 码与 L 码各 1 件套排，铺布 450 层，即 M 码与 L 码各 450 件。

第 4 床：与第 3 床套排尺码和铺布层数相同，即第 3 床和第 4 床，M 码与 L 码服装各 900 件，总计 1800 件。

3. 裁床分床方案分析

例 1：某服装厂需生产 1500 件西服，面料为毛花呢。具体码数、件数分配见表 6-4。

表6-4　西服码数、件数分配表　　　　　　　　　　　　单位：件

码数	30码	31码	32码	33码	34码	35码	总计
件数	150	300	300	300	300	150	1500

假设生产条件为：

①裁剪车间裁床长为 8m，根据该产品结构特征及初步排板计算，每个裁床上最多能按 5 个规格尺码进行套排。

②该工厂裁剪工具为直刀式电剪机，最佳使用厚度为 17cm。

解：

裁剪分床方案：

①方案分 2 床
$$\begin{cases} (1+1+1+1+1)\times150=750（件）\\ 30\ 码\ 31\ 码\ 32\ 码\ 33\ 码\ 34\ 码\\ (1+1+1+1+1)\times150=750（件）\\ 31\ 码\ 32\ 码\ 33\ 码\ 34\ 码\ 35\ 码 \end{cases}$$

②方案分 2 床
$$\begin{cases} (1+2+2)\times150=750（件）\\ 30\ 码31\ 码32\ 码\\ (2+2+1)\times150=750（件）\\ 33\ 码34\ 码35\ 码 \end{cases}$$

分析：

从①、②两套方案来看，均分 2 床来剪裁，都设计铺料 150 层，每层都安排 5 个大小规格样板进行套裁，从节约用料及符合生产条件的角度来讲差别不大，认为都可行。但是，细细分析一下就可以看出①方案无须 2 套样板，只需每个规格 1 套样板排 1 次，所以分 2 床铺料的长度不会相差无几。相对②方案来讲，则需要 2 个规格要用 2 套样板，有了 2 套样板就产生了重复的劳动，因为有 2 个规格样板重复排一次，而且分 2 床铺料的长度差异比较大。在同样完成 1 床裁剪任务的条件下，②方案劳动强度大，因此，认定为①方案比②方案好。

例 2：某服装厂需生产 3600 件女衬衫，面料为 25% 木浆、75% 涤纶素色布，具体规格、件数、面料花色分配见表 6-5。

表6-5　女衬衫规格、件数、面料花色分配表　　　　　　单位：件

面料花色	规格							
	38码	39码	40码	41码	42码	43码	44码	总计
	件数							
白色	0	100	100	300	300	200	200	1200
粉红色	200	200	600	600	400	400	0	2400

假设：企业有足够的裁床数量，如有 4 条裁床可满足 6 套样板的排料和裁剪设备，满足铺 300 层的条件。根据生产实际情况，下面分析所设计的 2 套裁剪分床方案。

解：

裁剪分床方案：

①方案分4床 {

$（1 + 3 + 2）×100＝600（件）白色$
39 码 41 码 42 码
$（1 + 1 + 2 + 2）×100＝600（件）白色$
40 码 42 码 43 码 44 码
$（1 + 3 + 2）×200＝1200（件）粉红色$
38 码 40 码 43 码
$（1 + 3 + 2）×200＝1200（件）粉红色$
39 码 41 码 42 码

②方案分4床 {

$（1 + 1 + 1 + 1）×100＝400（件）白色$
39 码 40 码 41 码 42 码
$（1 + 1 + 1 + 1＋ 1 + 1）×200＝1200（件）白色 800 件，粉红色 400 件$
38 码 39 码 41 码 42 码 43 码 44 码
$（3 + 2）×200＝1000（件）粉红色$
40 码 43 码
$（3 + 2）×200＝1000（件）粉红色$
41 码 42 码

分析：

①方案和②方案都需要分4床完成。①方案每床铺6件，分4床，共完成了24件。

②方案第1床铺4件，第2床铺6件，第3、第4床各铺5件，总共铺了20件。同等的床数②方案比①方案少排4件。这样比较①方案裁剪工作量大，且有重复劳动；但是①方案比②方案可以节约用料，以致套裁件数比②方案套裁件数多。由于①方案有重复劳动需多套样板，考虑到面料价格比较低，综上所述，选择②方案实施较为理想。

五、裁床分配方案的计算实例

1. 案例1

某服装公司有一成衣订单，具体码数与数量分配见表6-6。

表6-6　码数与数量分配表　　　　　　　　　　　　　　　　　　　　单位：件

码 数	XS	S	M	L	XL	合计
数量	450	900	1350	900	450	4050

假设：该方案平均每件衣服用料1.5m，生产使用的裁床长度有三个规格，分别是30m、8m、5m。裁剪工具剪裁布料厚度不能超过500层。

依据设定的条件，可以设计三套方案完成该订单的生产计划。

解：

方案一（分1床）：　$（1 + 2 + 3 + 2 + 1）×450＝4050（件）$
　　　　　　　　　　XS　　S　　M　　L　　XL

分析:

方案一适用于30m长的裁床,9件套裁,拉布450层,只需一床裁剪完成,符合生产要求。其优点为:减少布头损耗,节省拉布和裁剪的准备时间,作业效率高。其缺点为:占用空间大,需要拉布机等设备,投资成本较大;因布匹不能太短,驳布(接头)位较多,色泽较难控制;需要较多的工人,且人工拉布,作业难度很大。

$$
方案二(分2床)\begin{cases}(1+1+1+1+1)×450=2250(件)\\ \text{XS} \quad \text{S} \quad \text{M} \quad \text{L} \quad \text{XL} \\ (1+2+1)×450=1800(件)\\ \text{S} \quad \text{M} \quad \text{L} \end{cases}
$$

$$
方案三(分3床)\begin{cases}(1+1+1)×450=1350(件)\\ \text{XS} \quad \text{M} \quad \text{XL} \\ (1+1+1)×450=1350(件)\\ \text{S} \quad \text{M} \quad \text{L} \\ (1+1+1)×450=1350(件)\\ \text{S} \quad \text{M} \quad \text{L} \end{cases}
$$

分析:

方案二的裁剪分床设计适合于8m长的裁床。方案三的裁剪分床设计适合于5m长的裁床。两种设计方案的排料长度较短,其优点是:裁床长度短,设备投资成本较少,占地空间少;可利用长度较短的布匹;所需工人数较少。其缺点是:床数较多,生产效率比方案一有所下降;布头位损耗量增加。

2. 案例2

某服装企业有一成衣订单,具体码数、数量与单件用料见表6-7。

表6-7 尺码、数量与单件用料表

码数	8码	10码	12码	14码	16码	总数
数量/件	120	360	600	240	120	1440
单件排料长度/m	1.2	1.4	1.6	1.8	2.0	—

假设:面料价格为40元/m,企业裁床长度为6m,混码排板可省布10%,布头尾消耗为4cm。试求:面料总用量和价值是多少?

解:

裁床分配方案一:

$$(1+3+5+2+1)×120=1440(件)$$

8码 10码 12码 14码 16码

结合案例,已知裁床长度为6m,而方案一所需的排板长度为:

$$(1×1.2+3×1.4+5×1.6+2×1.8+1×2)×(1-10\%)+0.04=17.14(m)$$

由此可得出,方案一不符合企业生产条件,因为裁床的长度不够,所以,服装企业设法将排板的件数减少，因而采取裁床分配方案二。

裁床分配方案二：

第 1 床：（ 1 ＋ 1 ＋ 1 ＋ 1 ）×120＝480（件）

            8 码 10 码 12 码 16 码

第 2 床：（ 1 ＋ 2 ＋ 1 ）×240＝960（件）

           10 码 12 码 14 码

第 1 床的排板长度为：

（ 1×1.2 ＋ 1×1.4 ＋ 1×1.6 ＋ 1×2 ）×（ 1－10% ）＋ 0.04＝5.62（ m ）按要求小于 6m。

第 2 床的排板长度为：

（ 1×1.4 ＋ 2×1.6 ＋ 1×1.8 ）×（ 1－10% ）＋ 0.04＝5.8（ m ）按要求小于 6m。

面料总用量为：

$$（ 5.62×120 ）＋（ 5.8×240 ）＝2066.4（ m ）$$

总价值为：

$$2066.4×40＝82656（元）$$

分析：

根据方案二得知，第 1、第 2 床排板的长度均符合服装企业生产设备——裁床长度的要求。生产该订单的服装总用布量为 2066.4m，总价值为 82656 元。可以达到提高生产效率和节约用料的目的。服装数量与节省布量的关系见表 6-8。

表6-8 服装数量与节省布量的关系表

服装的数量/件	1	2	3	4	5	6	7	8
布料的利用率/%	80	82	84	86	88	90	88	86
可省的用布量/ m	0	2	4	6	8	10	8	6

另附某制衣有限公司排料表，见表 6-9。

表6-9 某制衣有限公司排料表

制单：		款式：		货号：	
款号：		排料图编号：			
排料方法：		排料长度：			
规格搭配：					
备注说明：					
制表： 年 月 日				审核： 年 月 日	

第三节　验布

检查布料是裁剪前的一道重要工作，它是指在批量剪裁前对所用的衣料进行数量、幅宽和质量上的全面检查与核验。通过检查与核验，避免剪裁后出现无法挽回的损失，是把住批量剪裁第一道工序质量关的重要工作。验布的内容除了检验布料的规格、数量和质量外，还要将布料的疵点、幅宽和歪斜等情况进行整理，并且对布料进行"预缩"处理。

一、面料质量的检验方法

面料的质量检验俗称"看料"，其主要任务是检验面料中的色差、纬斜和疵点等质量问题，通常采用"二比一看"的检查方法。"一比"是指将面料左右两边的布边与面料中间进行对比，检查是否存在色差。"二比"是指将面料的前、中、后三段进行对比，检查是否存在色差。"一看"是指看面料是否存在歪斜和疵点的毛病，并按国家服装号型系列质量规定的标准进行核查，判定其是否可以投产剪裁。

企业进行服装面料质量检查，通常是将面料套在滚筒式拉布机械架上复核数量和质量，通过灯箱工具或用"验布机"检查布料是否存在疵点、色差等质量问题，并将有质量问题的布料标注记号，以免拉布时用到有质量问题的面料。

二、对规格、数量的复查

服装材料规格、数量的复查内容有以下方面。

1. 品名、数量、颜色的复查

裁剪部门领进材料前，首先核对出厂标签上的品名、颜色、数量是否和订单上的相关信息一致。其次要检查布匹两端是否有印章，标记是否完整。最后，按订单的规定逐一核实，并做好记录。

2. 布匹长度复查

（1）将圆筒卷装的材料放在量布机上进行复查，核实复查的数据是否与领料的数据相符，并做好记录。

（2）对折叠包装的布料长度进行核查。目前市场上很多布料是按幅宽为1m规格折叠式包装的，在核查其布匹长度时，先求出折叠长度的平均值，再统计出折叠数，并测量出不足一个折叠长度的余端长度，计算公式为：

$$布匹长（m）= 折叠长度平均值 × 折叠数 + 余端长度$$

（3）对按重量计算的布料（如针织面料）长度进行核查时，具体操作为：称出其重量，再按布料重量（克重/平方米）计算出其数量，最后核查数量是否与订单上的数据一致。

三、对布料幅宽的检查

即使是同一种布料，幅宽也有可能各不相同。为了便于画样，满足拉布排料时幅宽统一的要求，应挑选该品类最窄幅宽的布料进行画样，以免出现选用了最宽幅宽的布料作为画样，拉布剪裁时，导致窄幅宽布料不够的情况，以上就是批量裁剪前进行布料幅宽核查的意义所在。

例如，某布料幅宽误差为 0.5 ～ 1cm，经测量该种布料有 139cm 和 140cm 两种幅宽。裁剪部门工作人员在对该种布料进行画样时，应挑选 139cm 幅宽的布料进行画样。布料幅宽误差在 1cm 以上的，应剪断，尽量统一布料幅宽，以免造成幅面不够的现象。

四、对其他辅料的复查

对其他辅料的复查应做到：核对品名、颜色、规格、数量等与实际是否相符；核对物件小、数量大的物品，如纽扣、裤钩、拉链、商标等，可按小包装计数，并拆包抽验数量与质量是否与要求相符；配套用的材料，要核对其规格、颜色和数量是否有短缺、差错等，以便发现错误能及时纠正。

第四节　排料与画样

一、排料与画样的概念

裁剪分床方案确定以后，就要进入排料与画样的工序。在剪裁工序中，对如何使用布料和计算用料进行有计划的工艺操作的步骤被称为排料，或排板、排唛架等。排料实际上是将一件或几件套衫的样板分别排在同一张薄纸（唛架纸）上或者面料上。画样是将排料的结果画在薄纸上或直接画在面料反面上的工艺操作。

排料与画样是进行拉布和剪裁之前的工序，若不进行排料工艺操作就不知道用料的准确长度，拉布就无法进行。在企业，排料师排料水平的高低，直接关系到服装布料利用率，它对企业成本的控制起着关键性的作用。因此，排料师要注意提高布料的利用率，尽量降低损耗率。画样工作是剪裁工序的依据，画样线条的好坏也会影响到面料的利用率和剪裁的难易程度，甚至对成品服装的质量都有直接的影响。所以，排料与画样工作是剪裁工序中一道技术性很强且必不可少的工作。

二、排料与画样的准备工作

1. 核对生产通知单
核实所剪裁品种的款式、款项号、号型、规格搭配、花色与颜色搭配、原材料、裁剪数量、零部件等是否与生产通知单一致。

2. 领取或熟悉排料缩小图
以排料缩小图为依据，制订各档规格的用料定额，做到排料与画样时"手中有图，心中有数"。

3. 核对用料
将排料缩小图上规定的布料幅宽及用料规定的长度、数量与实际用料的长度、数量进行对比，核对是否相符，并仔细考虑排料缩小图是否还有节约用料的余地。

三、排料工艺

1. 排料的原则
对服装样板进行排料时，要遵循符合企业生产加工条件及要求的基本原则。首先，排料时应注意衣片的正、反面，服装部位的对称性，以免出现"一顺"现象。其次，要留意服装面料的方向性及其外观特征，如对布面绒毛、光泽、图案、格子面料等的变化规律及风格特征的把控，避免服装外观出现差错，造成不必要的服装产品质量问题。最后，在排料时，还应力争节约材料，提高布料利用率，最大限度地降低布料的损耗率。

排料实际上也是一项解决材料如何合理使用的重要工作，而材料的使用在服装制作中是非常关键的，如果材料使用不当，不仅会给制作加工造成困难，而且会直接影响服装的质量和效果，难以达到成品的设计要求。因此，在排料工作中要对服装成品的设计要求和制作工艺了解清楚，对使用的材料性能和特点要有所认识，排料工作中必须根据设计要求和制作工艺决定每片样板的排列位置，也就是决定材料的使用方法。根据经验，排料时需做到纬纱排满、经纱求短，为了提高排料的效率和布料的利用率可按照以下方法进行排料。

（1）先大片，后小片：

排料时，先将主要的大部件样板排好，然后再将较小的零部件样板在大片样板的间隙中及剩余空隙进行排列，以减少浪费。女西服排料见图6-2。

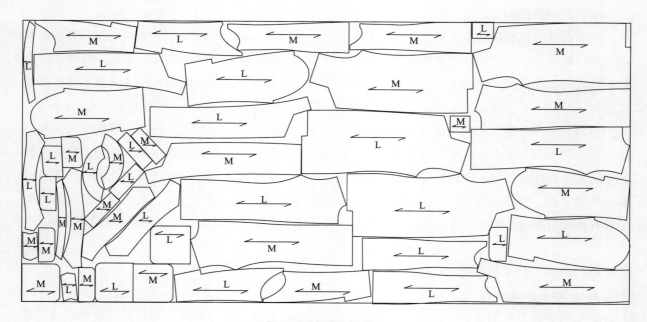

图6-2　女西服排料图

（2）紧密套排：

服装样板形状各不相同，且差异较大，其边沿有直有弧、有斜有弯、有凸有凹、锐钝不等，排料时应根据样板的特征采取"直对直""斜对斜""弯对弯""凸对凹"的方式，尽量减少衣片之间的空隙，充分利用面料。"紧密套排"排料见图6-3。

（3）缺口合并：

有的服装样板有凹状缺口，此时可将两片样板间的缺口合并，视情况在两片样板间的缺口处排放小片样板。"缺口合并"排料见图6-4。

（4）大小搭配：

当在同一裁床上要排几套服装样板时，应将不同规格的样板互相搭配，统一排放，使不同规格的样板"取长补短"，实现合理用料。另外，要做到充分节约面料，需反复试排料并测算面料使用率，最终选出最合理的排料方案。"大小搭配"排料见图6-5。

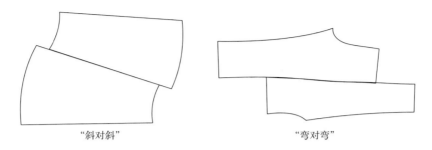

"斜对斜"　　　　　　　　　　　　　"弯对弯"

图6-3　"紧密套排"排料图

缺口合并

图6-4　"缺口合并"排料图

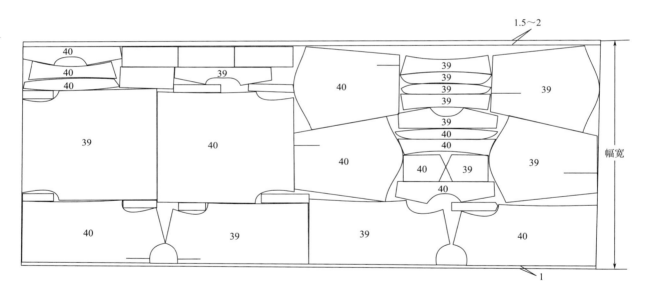

图6-5　"大小搭配"排料图

2. 符合服装工艺制作要求

（1）面料的正、反面与衣片的对称性：

大多数的服装面料是分正、反面的，而服装制作的要求通常是使用面料的正面作为服装的表面。同时，服装上的衣片许多具有对称性，如上衣的左、右片，袖子的左、右片，裤子的前左、右片等，都是左右对称的两片。在制作样板时，这些对称的衣片，板师通常只绘制一片样板。因此，排料时要特别注意，既要保证面料的正反面一致，又要保证衣片的对称，避免出现"一顺"现象。图 6-6 为排板正确图，图 6-7 为排板错误图（排成"一顺"）。

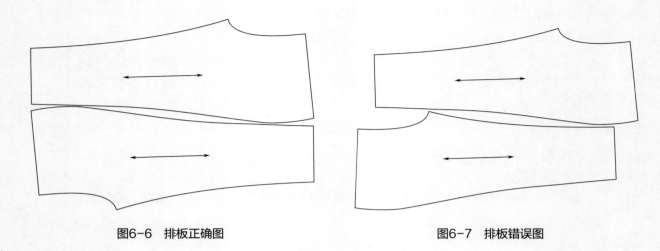

图6-6 排板正确图　　　　　　　　　　图6-7 排板错误图

（2）面料的方向性：

服装面料是具有方向性的，其主要表现在以下四个方面。

①衣片有经纱向、纬纱向、斜纱向之分（俗称直纱、横纱、斜纱）。在服装制作中，面料的经纱和纬纱表现出不同的性能。例如，经纱垂直，不易伸长变形，而纬纱略有变形及伸长，对于大量的斜纱面料就会产生变形伸长的现象。在不同的衣片上，会出现有直纱、横纱、斜纱的情况，因此在排料时，应根据服装制作的要求注意用料的布纹方向。该用直纱的面料衣片，就要将样板的长度方向与面料经纱方向排列一致；该用横纱的面料衣片，就要将样板的宽度方向与面料的纬纱方向排列一致；该用斜纱的面料衣片，就要根据要求将样板倾斜相应的角度排列。一般情况下，样板排料的方向都不准任意摆放。为了排料时纱向准确，样板上一般都要画出经纱方向的符号，以便排料人员有明确的技术依据，排料时将样板与布料的经纱方向平行，不能有歪斜。

②当从两个相反方向观看面料表面状态时，具有不同的特征和规律。例如，毛绒面料须沿经纱方向排列，毛绒具有方向性，即所谓的"倒顺毛"。当以不同角度观看这类面料时，其色泽及光亮程度也不同，而且不同方向的手感也不一样。此类面料在排料时不能像普通面料那样随意铺排，必须与绒毛方向排列一致。

③条纹与格纹面料。各种的条纹和格纹面料的变化规律也有方向性，这样的面料通常称为"顺风条"面料或"阴阴格"面料。

④图案面料。有些面料的图案具有方向性，如花草、树木、动物、建筑物等。排料时若不注意其方向性，就会出现动物、树木、建筑物等图案上下倒置的现象。所以，有方向性的面料，如倒顺毛面料、定位花面料，必须按同一方向进行排料。

（3）面料的色差：

由于印染过程中的技术问题，有些服装面料存在色差问题。例如，同一匹布的布边与布中心出现色差，被称为"边色差"。在排料时尽量将同一件服装的裁片紧靠排列在同一经线上，各种小形状的零部件尽可能靠近大身排列，还有利于剪裁，采用单层编号。

一匹布"段"与"段"之间出现色差，则被称为"段色差"。在排料时尽量将同一件服装的裁片紧靠排列在同一段纬线上，同一件衣服的各片，排列时不应前后间隔距离太大，如果距离间隔大，色差程度就会越大，应采用单层编号。

布料"匹"与"匹"之间出现色差，被称为"匹色差"。排料时尽量将同一件服装的裁片排放在一起，以降低服装产品出现色差的概率。

总之，遇到有色差的面料时，在排料过程中必须采取相应的措施，避免后期的服装产品出现色差。

（4）条纹和格纹面料的处理：

排料时除了按照服装制作工艺要求外，还要按照服装设计的要求。这个原则主要表现在对条纹和对格纹面料的排料中，使条纹、格纹面料在排料时符合服装设计的要求。设计服装款式时，对于使用条纹、格纹面料的两片衣片相接时，都有一定的设计要求。有的要求两片衣片相接后，面料的条纹连贯衔接，如同一片完整面料；有的要求衣片相接后，条纹、格纹要对称；也有的要求衣片相接后，条纹、格纹相互成一定的角度等。除了相互连接的衣片，有的衣片本身也要求面料的条纹、格纹图案呈对称状。综上所述，排料师排料时必须将服装样板按设计要求排放在布料的相应部位，但有时也会因款式和工艺制作的要求，各样板在排料时的排放位置会受到比较大的限制。

3. 节约用料

在保证设计和制作工艺要求的前提下，尽量减少布料的用量是排料时应遵循的重要原则。服装的成本很大程度上取决于布料用量的多少，而决定布料用量多少的关键又是排料的方法。同样一套样板，由于排料的形式不同，所用布料量也不同，找出一种最省料的排料方法是排料的目的之一。能否通过排料达到这一目的，很大程度取决于排料师的工作经验。根据经验，以下方法对提高布料利用率和节约用料有一定的参考价值。

（1）排料利用率：

排料效果的好坏，除应满足产品有关技术质量要求外，排料利用率是其量化指标，其计算公式为：

$$排料利用率 = \frac{样板面积之和}{布幅面积} \times 100\% = \frac{布幅面积 - 碎布面积之和}{布幅面积} \times 100\%$$

布幅的面积易计算，只要知道排料长度及布料幅宽即可求得，但样板面积及碎料面积却不易计算，通常可用几何法、称重法、求积法三种方法计算。几何法误差大，称重法较简单易行，求积法使用起来不方便。

排料利用率的大小，取决于诸多因素，如排料方式、衣片形状、尺码规格、材料种类及特征、衣片数量、排料宽度及服装款式等。排料时，尽量采用多种服装规格尺寸的样板互相贴合套排，这样可以提高布料的利用率，但样板数量多到某一程度后，布料的利用率也会降低，这就需要排料师在工作中不断地总结经验，找出最佳排料利用率的方法。

（2）正确排放，巧安排：

排料的重要目的之一就是节约面料，降低成本。多年来，服装企业已总结一套行之有效的经验，口诀概括为：

直对直，弯靠弯，斜边颠倒。

先大片，后小块，排满布面。

遇双铺，无倒顺，不分左右。

若单铺，要对称，正反分明。

服装工业制板原理与应用

四、画样工艺

画样是指将排料的结果绘制在唛架纸上或面料的反面上，俗称排料图绘制、排板画样等。排料图画样的方法有很多种，不同服装企业根据产品的特点和自身的生产习惯，都有自己不同的排料图画样的方法。通常使用的方法有纸上画样、钻孔印样、直接画样、排料机画样、计算机排料画样等。

1. 纸上画样

将打制好的样板排在一张较薄的纸（俗称唛架纸）上，这张唛架纸要与剪裁的面料幅宽相同，画好边线，沿着样板的边缘将排料图画下来，然后铺在面料上进行裁剪。

2. 钻孔印样

钻孔印样的方法又称漏板画样，将打制好的样板放在一张与面料同宽且不变形的厚纸上排好。然后，沿画好的衣片线轨迹钻出许多小孔，将这张带有小孔的图铺放在布料上，沿着孔洞进行喷粉或者用刷子进行扫粉，再将排料图取走，面料上即出现样板排列的形状，再按沿着印出的粉迹形状进行裁剪。该方法多运用于大批量的服装剪裁，如军队服装、职业服装等的生产。样板上钻孔的方法，可采用在平缝机上，利用机针扎出或用激光打出小孔。

3. 直接画样

将打制好的衣片样板直接在面料上进行排列，用画粉、褪色笔等工具沿衣片样板的边缘画出，再沿着画好的线条进行裁剪。对于服装产品要求对条、对格的，采用此种方法最佳。

4. 排料机画样

随着工业化机械的不断发展，出现了排料机画样的方法，采用排料机画样可以减少因排料师技术水平的差异而导致面料损耗增加的情况。

5. 计算机排料画样

随着服装CAD的普及，目前，绝大多数服装企业都会采用服装CAD系统软件进行排料与画样的工作。服装CAD排板软件系统有自动式和人机交互式两种，前者速度快，但不够机动灵活，排板利用率较后者小。服装CAD排板软件极大地方便了排料画样的工作，生产效率较高，不易出现差错，存、取、用都极为方便。

第五节　拉布的工艺与方法

在企业，当某项服装生产任务的裁剪方案确定并完成排料工作后，接下来就需要铺面料、辅料，以备正式剪裁。拉布（俗称铺料）就是按照相关方案所确定的布料长度和铺料层数，将每匹的服装面料、辅料平铺在裁床上，提供给裁剪工进行剪裁。

在拉布前，首先应识别布料，包括区分布料的正、反面和确定布料的方向性。只有正确地掌握布料的正、反面和方向性，才能按工艺要求进行正确有效的拉布工作。

一、拉布的工艺与要求

拉布时要遵循一定的工艺要求，不能随意地乱拉布，其关键是要按照裁剪分床方案确定的拉布长度和层数进行拉布，除此之外，还应注意以下几点。

148

1. 布面平整

布面平整是拉布工艺最基本的要求。若布面存在不平整、有皱褶、波纹层叠、横斜没有纠正等现象，会造成裁剪出来的衣片与样板不符，从而影响服装成品的质量。除此之外，还会造成不必要的返工，影响企业生产进度和提高生产成本等。因此，拉布时一定要保证每层布料要平整。

在企业，除了借助机械拉布外，还有一种方法是人工拉布。人工拉布的简易方法是手持一根细木棍，一边拉布，一边对齐布边，一边铺平面料。若面料皱褶严重，在检验布料工序中先用熨斗烫平后，方可拉布。

2. 拉布的"四对齐"

进行拉布工作时，起手布边要铺整齐，这是"第一齐"，即"起手"要齐。它是指开始拉布的第一层的起头布，布边要与裁床上标出的坐标线对齐铺平。"第二齐"是指两边的布边一边要齐，又称为"齐口"，是指布边的一边（靠身边）要对齐，它是指拉布时铺放第二层面料的布边（靠身边）对齐第一层布边铺平。这是因为，用整批的布料进行拉布，从表面上看，同一匹布料的幅宽都是一样的，其实不然，多数布料会有幅宽的宽窄差异。有的布料两头宽中间窄，有的一段宽一段窄，有的布边由于织造原因较紧，有的布边较松。所以，在拉布的过程中，要使每一层的布料有一边（一般是靠身边）要对齐。"第三齐"是接头要齐，即布头搭配要齐，也就是布头的衔接要齐。这是为了更好地节约用料，减少布头，在拉布时，事先就要周密地计算好规格的大小、数量的多少、拉布的长度和铺料的层数等，将多余的布头搭配计划好。"第四齐"是"落手"要齐。铺料铺到需要长度的一端叫作"落手"，它是指和起手一样布边要与裁床上标出的坐标线对齐铺平，要保证整个铺料层四角方正。布边对齐方式见图6-8。

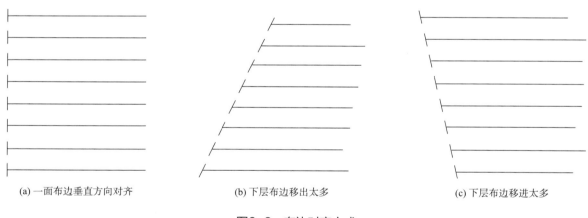

(a) 一面布边垂直方向对齐　　　(b) 下层布边移出太多　　　(c) 下层布边移进太多

图6-8　布边对齐方式

3. 减少拉力

在拉布过程中为使布面平整，需对布面施加一定的作用力，且对齐布边时也有拉布的动作，从而使布料产生一定的伸长和变形。但这种伸长和变形不是永久性的，它会随着时间的推移而消失，但有可能恢复不到原状。因此，拉布的时候不仅要注意保持每一层布料的平整、布边对齐、两头对齐、搭头要齐，还要减少对它的拉力，使布料的形状尽可能不被改变。对于受拉伸易变形的布料，在拉布前需要先将每一卷布料松开，让它有一定的时间进行回缩，而后再进行拉布。铺完布料后不要急于剪裁，也要等一段时间让它还原后，再进行剪裁。

4. 布料方向要一致

许多布料具有方向性,如灯芯绒、平绒、长毛绒、格子绒等,有的布料上还印有图案、文字等。对于具有方向性的布料拉布时,除了在排料时要注意布料的平整,还要关注每层布料的方向性,应使每层布料都朝一个方向。拉布口诀中提及的"遇双铺,无倒顺,不分左右。若单铺,要对称,正反要分清",目的就是保证剪裁出的同批服装的衣片方向一致。

5. 条纹、格纹布料要对位

在企业,对于进行对条、对格布料的拉布,一般要求对条纹和对格纹,因此拉布时难度较大,效率较低。目前,许多服装企业会采用扎针的方法,以保证上、下层布料的条、格对准对齐。拉布时,在有排料图的面料上找到工艺特别要求的部位(图6-9中箭头所示部位)扎上"格针",以后每拉一层布料,都在该部位找到与上下层面料相同的条纹或格纹,并用格针扎在格纹或条纹上,以保证这些部位的格、条上下层对齐,使每层面料剪出来的各衣片都能对齐条纹和格纹。

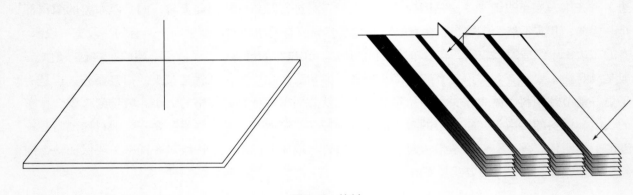

图6-9 格针

6. 保持布料的清洁

在对每一床的裁床开始拉布前,先放一层薄纸,再进行逐层拉布。铺完布料后,放上已绘制好排板图的薄纸。为了使图纸与拉好的布料在剪裁时不被移动,可采用珠针固定的办法再进行剪裁,这样不仅有利于衣片的捆扎,也有利于保持剪裁出来的衣片干净和清洁。

二、拉布方法

一般来说,布料有正、反面之分,但有的布料正、反差异不大,如素色平纹织物。所以,拉布前裁剪师一定要认真分清和识别面料的正、反面,以免拉错面料而影响服装的质量。

服装铺料的方法是依据裁剪分床方案制订的排料方案,并结合布料的性能、服装的工艺要求等一系列的因素来决定最优的方法。在企业,拉布方法有单向拉布法、双向拉布法、往返折叠拉布法、阶梯式折叠拉布法、对合拉布翻面法、阶梯剪法、叠拉布法等。

1. 单向拉布法

单向拉布法俗称单程、单面或单掌拉布方法,是指将各层布料的正面都朝一个方向(全部朝上或全部朝下)进行拉布(图6-10)。它的特点是沿一个方向拉布,布料的正面全部朝上或者全部朝下,每层布料都需剪断。单向拉布法适用于具有方向性的布料,如有绒毛或印有图案、文字等的布料,需要对条纹或对格纹的布料也适用此方法。

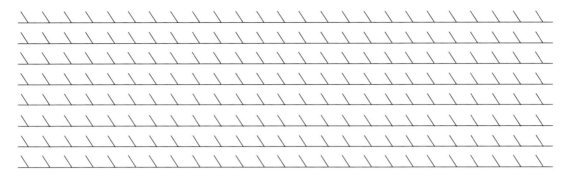

图6-10　单向拉布法

2. 双向拉布法

双向拉布法俗称双程拉布法、双面拉布法或合掌拉布法。当布料按要求铺到一定长度时剪断，将面料翻转180°后退到拉布开始点，再进行第二次拉布，使布料的面子对面子、里子对里子（图6-11）。

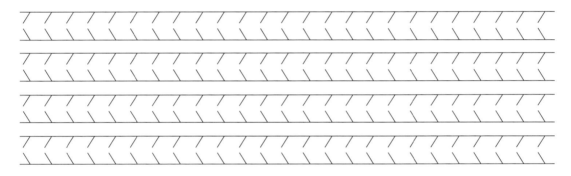

图6-11　双向拉布法

3. 往返折叠拉布法

往返折叠拉布法俗称双程拉布方法。这种拉布方法是将面料一正一反交替拉布，各层之间正面与正面、反面与反面相对（图6-12）。其特点是：拉布时每层之间的折叠处不必剪开。往返折叠拉布方法适用于不分正反面或没有方向性的布料，如素色平纹面料、里料等。

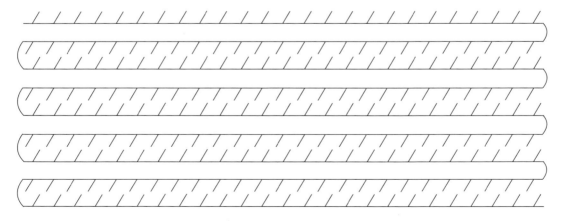

图6-12　往返折叠拉布法

4. 阶梯式折叠拉布法

　　阶梯式折叠拉布又分为双面阶梯式往返折叠拉布和单面阶梯式折叠拉布两种。因在服装企业实际生产中，某种规格服装生产数量相对较少，可将这些数量相对较少的服装规格与其他规格的服装合并，采用阶梯式折叠拉布法进行剪裁，以提高工作效率（图6-13）。

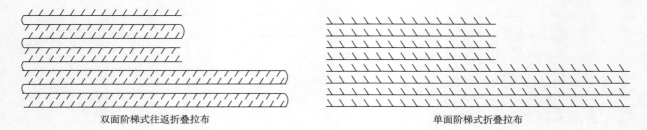

双面阶梯式往返折叠拉布　　　　　　　　　　　　单面阶梯式折叠拉布

图6-13　阶梯式折叠拉布法

三、布匹的衔接

　　在拉布过程中，常常会遇到当一匹布拉完后，布料的长度不够段长的情况，或者在拉布时，发现布料上有疵点或破洞等问题，这时就需要剪去布料上有疵点或破洞的部分，采取布匹的衔接工艺。

　　为了不浪费布料，当在拉布过程中出现布料的长度不够段长或发现布料上有疵点、破洞等问题时，可在该层布料上衔接另一块色泽和质地完全相同的布料，这种工艺被称为布匹衔接或驳布。使用该工艺既要保证衔接层衣片的完整性，又要考虑其省料性。同时，在布料接驳前还需确定衔接的部位和长度，只有这样才能保证剪裁出完整无缺的衣片。其具体步骤是：

　　（1）先将画好的排料图纸平铺在裁床上，仔细观察图纸上衣片的分布情况，找出衣片在布料的纬向上交错较少的部位，作为布匹的衔接部位（图6-14，虚线为衔接的部位）。

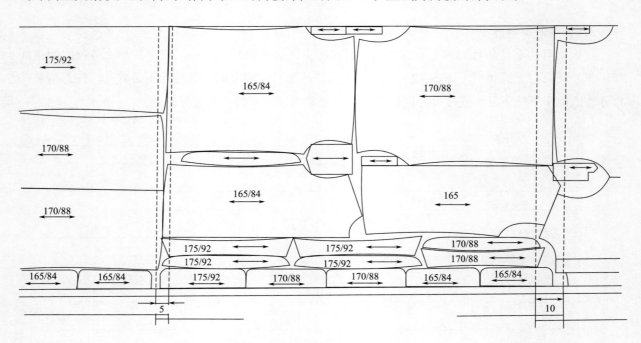

图6-14　布匹衔接

（2）确定布匹的衔接部位在排料图纸衣片面料的纬向上。交错的长度为拉布时两块布料之间的衔接长度，总衔接长度为衔接布匹的长度（图6-15）。

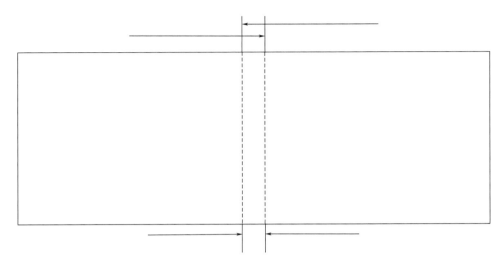

图6-15　衔接布匹的长度

（3）在裁床边缘，画出布匹衔接部位和衔接的长度标记后，再撤掉平铺在裁床上的图纸开始正式拉布。

（4）拉布时每拉到一匹布料的末端都须对准，在衔接处做标记，并将超过标记处的布料剪掉，再将另一块色泽和质地均相同的布料，按标记的长度与前一匹布料重叠衔接，再继续拉布。在实践中，有的企业也习惯将每匹布料最后一层多余的布料剪下，另外排料裁剪。

第六节　服装裁剪工艺技术

裁剪工艺技术是服装生产过程中最为关键的一道工序。在此之前所进行的大量的工作能否获得实际效果及后续的工作能否顺利地进行，都取决于裁剪质量的好坏。裁剪工艺技术在整个生产过程中，起着承上启下的作用。因此，保证裁剪质量是决定服装产品质量与生产效益的关键。

一、服装裁剪工艺的技术要求

在企业，裁剪工艺技术都有相关的执行要求，一般应遵循"五核对""八不裁"和"八规定"。

1. "五核对"内容

（1）核对合同编号、款式、规格、号型、批号、批量及工艺订单上的要求。

（2）核对原材料、辅料的等级、花色、匹长、幅宽、正反面、倒顺向等。

（3）核对样板数量及规格是否齐全和准确。

（4）核对原材料、辅料的定额数量及排料图上的定额数量是否一致，资料是否齐全。

（5）核对面料、辅料长度以及层数及"三整齐，一要平"，是否符合质量要求。

备注："三整齐"是指布边的两头和布边要整齐，"一要平"是指布面要平整。

2. "八不裁"内容

（1）面料和辅料没有加放缩水率数据（量）不开裁。

（2）面料和辅料的等级和档次不符合要求不开裁。

（3）面料和辅料的纬、斜超过技术标准和规格要求不开裁。

（4）样板规格不准或组合部位不合理不开裁。

（5）布料上的色差、疵点以及油、污、残的部位超过技术规定要求不开裁。

（6）样板不齐全，规格有误差不开裁。

（7）定额不明确，幅宽不相符和超出定额不开裁。

（8）技术要求和工艺规定交代不清楚不开裁。

3. "八规定"内容

（1）严格执行布料正、反面的规定。

（2）严格执行布料拼接范围的规定。

（3）严格执行布料互借范围的规定。

（4）严格执行布疵有关技术标准的规定。

（5）严格执行对条纹和对格纹有关技术标准规定。

（6）严格执行面辅料、画样、开裁、定位的规定。

（7）严格执行电剪刀、电钻等工具设备技术安全操作的规定。

（8）严格执行文明生产、安全生产的有关规定。

二、裁剪进刀的工艺方法及要求

裁剪时应保证裁剪的精确度，尽可能地减少衣片与样板间的误差。因此，在裁剪中应掌握和遵循以下方法及要求。

1. 掌握裁剪进刀的方法

正确的开裁方法为"三先、三后"，即先剪裁横，后剪裁直；先剪裁外，后剪裁里；先剪裁小，后剪裁大。

2. 掌握拐角处理的方法

凡是衣片的拐角处和凹凸处，应从布料的两边分别进刀开裁。裁剪时可连续拐角，避免出现角度要方形不得方形，要尖形不得尖形，要圆形而不得圆形的情况。

3. 掌握手势

左手轻压住布料，用力均匀轻柔，不可倾斜，右手推动裁剪刀，要做到轻松自如，快慢有序。裁剪时要保持裁剪刀垂直，不可歪斜，平稳向前运行。

4. 刀刃要保持锋利

切割面料时须保持刀刃锋利，才能确保轻松自如推刀运行，不会产生拖刀、多肉等现象，还可以保证剪裁出来的衣片边缘光洁顺直。

5. 定位要准确

裁剪师在进行打刀口、钻眼定位时，要做到细心、细致，不要漏打刀口和钻眼，否则很可能会影响服装产品的质量。一般打刀口的深度不得超过 3mm，钻眼要细和垂直，确保上下眼口一样大。

6. 裁剪刀和钻眼工具的温度不宜过高

在裁剪工作中，要严格控制裁剪刀和钻眼工具的温度。因为在运行中，设备经过长时间的运转，会产生一定的热量，使刀片和钻眼工具发热，如在裁剪合成纤维，丝绸等面料时遇到高温就很容易产生衣片边缘变色、焦黄、粘连等现象。

三、裁剪设备

在裁剪工作中，裁剪设备是剪裁面料必不可少的工具，它的选择与刀具的锋利度及规格都会影响剪裁的质量。在服装裁剪中所用的工具品种繁多。裁剪设备主要有验布机（图6-16）、直刀式裁剪机（图6-17）、摇臂式裁剪机（图6-18）、布料预缩机、铺料机（拉布机）、裁床、12英寸（30.48cm）剪刀、圆刀式裁剪机、带刀式裁剪机、断布机、钻孔机和打线钉机等。特种裁剪设备还有激光式及喷水式两种。现主要介绍几种服装企业常用的裁剪设备工具。

图6-16　验布机

图6-17　直刀式裁剪机

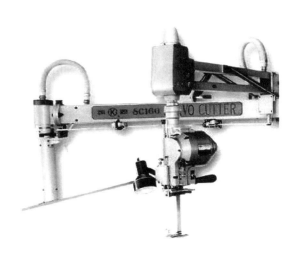

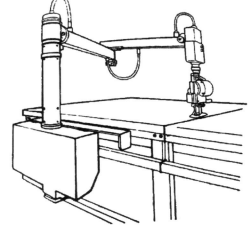

图6-18　摇臂式裁剪机

图6-19　布料预缩机

图6-20　铺料机（拉布机）

布料预缩机（图6-19）是对服装面料和里料进行预热收缩整理的机械设备。其工作原理是先对织物进行均匀的喷湿，经过挤压后再烘干，达到预收缩的目的，可供纯棉类、化纤类、混纺类、毛呢类等布料进行预缩使用。常用的预缩机有呢毯式预缩机和橡胶毯式预缩机两种类型。

铺料机又称拖布机或拉布机（图6-20），用于将整卷的布料铺开、展平在裁剪台上。常见的铺料机有手动式、电动机传动的轻便式和计算机控制的自动式等类型。自动式铺料机有自动换布卷、拉布、理布、断料、记忆铺料的长度和显示铺料层数等功能。

"裁床"又称为裁剪工作台，也称为铺料工作台（图6-21）。目前服装企业大多采用"台板式"工作裁床，使用金属条和绝缘纤维板组合而成。板厚约5cm，表面平整、光滑、经久耐用。裁床高度一般为80～90cm，宽度为140～200cm，长度随生产品种和企业规模及环境的条件而定。另一种裁剪工作台为"气垫吸附式裁床"，台面上均匀设有若干个小孔，孔内装有特制的喷嘴与管道和气源相连。铺完布料后在表层布料上覆盖一层塑料薄膜，裁剪时，启动吸气装置，使多层布料相互紧贴，以避免移动，它可以大大地提高工作效率。

图6-21　裁床

裁剪手工刀具是指常用的裁剪剪刀，企业通常用的规格为12英寸（30cm），它适合较少层数的布料剪裁（图6-22）。圆刀式裁剪机又称圆形刀旋转式裁剪机，为手提式裁剪机（图6-23）。它是采用圆形刀片，借助电动机传动达到旋转裁切布料的目的。此种机型宜裁剪外衣衣料、装潢用布料、衬里布、针织材料及单件服装材料。圆刀刀片直径有 6.35cm（2.5 英寸）、7.53cm（3 英寸）、8.89cm（3.5 英寸）、10.16cm（4 英寸）、11.43cm（4.5 英寸）、12.7cm（5 英寸）、13.97cm（5.5 英寸）、15.24cm（6 英寸）、16.51cm（6.5 英寸）、17.78cm（7 英寸）、20.32cm（8 英寸）、30.48cm（12 英寸）等多种规格。圆刀式裁剪机裁剪布料的厚度约为刀片直径的二分之一，刀片直径越小，电动机的功率也越小。此种机型配有自动磨刀装置，可经常保持刀片锋利。

图6-22　12英寸剪刀

　　带刀式裁剪机又称带锯式裁剪机（图 6-24）。该机型采用一条环形的钢带刀片，借助电动机传动带动几个高速转回轮回转，带动刀在人工推动的布层裁口上做上下运动，切割布料。有些带刀式裁剪机配有气垫吸附式工作台，裁剪时布料浮起，使操作者能轻松自如地推动布料。带刀式裁剪机主要用于衣领、口袋、袋盖等小部件的裁剪以及衣片的"精裁"。带刀的刀刃宽 10 ～ 13mm，厚 0.5mm，长度为 2.8 ～ 4.4m。此种机型装有刀片冷却装置，可避免材料融化，其研磨装置还能防止纱屑污染布料。带刀的切割速度有级变速和无级变速两种，变速范围在 500 ～ 1200m/min，最大切割厚度可达 300mm。

 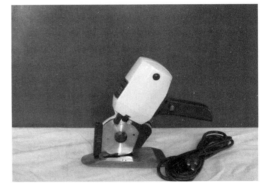

图6-23　圆刀式裁剪机

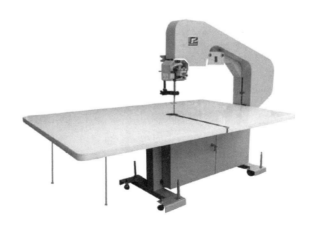

图6-24　带刀式裁剪机

断布机应用于服装、皮塑、纺织、地毯等行业的裁床铺料切割，由主机、导轨、轨道、轨道支架和小刀片组成（图6-25）。主机由手柄、电机、开关、圆盘刀片和计数器构成，主机固定于导轨支架上，小刀片固定于导轨底座的刀槽中，与圆盘刀片构成一个弹性贴紧剪刀口。轨道由轨道支架固定于裁床上，导轨底座位于轨道表面的导轨滑行槽中滑行，具有自动断布、省工、省力、省电、省布等特点。

钻孔机又称"钻针打样器"，分手工和电动两种，用途是在布料上钻出装袋口的位置、缉省的位置等部位记号（图6-26）。打线机又称穿线打样器，主要用于在不能使用钻孔机的面料上进行定位，定位记号是一个长 2～4mm 的"线钉"。

图6-25 断布机

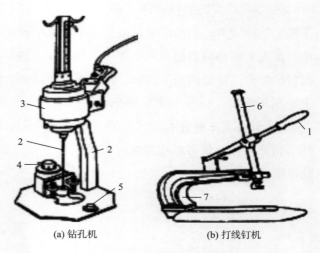

(a) 钻孔机   (b) 打线钉机

图6-26 钻孔机和打线钉机
1—手柄 2—钻针 3—电机 4—开关 5—水准仪 6—针筒 7—底座

第七节 验片、分类、编号和包扎

剪裁工序完成后，为了保证剪裁出来的衣片符合质量要求和缝制工序的顺利进行，裁剪车间还要完成对裁片进行验片、分类、编号、包扎等工作。

一、验片

验片俗称检查衣片，行业中通称为"拣活"。它是指对裁剪出来的衣片进行质量检查，目的是将不符合质量要求的衣片抽查出来进行修改，不能修改的衣片要重新剪裁或调换衣片等处理，以防残缺片进入下一道工序，影响服装产品质量。检查衣片的内容主要有：

（1）将衣片与样板进行比较，检查各衣片是否与样板的尺寸和形状一样。

（2）将中下层的衣片进行比较，检查各层的衣片是否一样，是否有误差，误差是否超过规定。

（3）检查刀口、定位孔位置是否准确、清晰，有无漏剪刀口、漏钻孔现象。

（4）检查衣片对条纹、对格纹、对图案是否准确。

（5）检查衣片的边缘是否光滑、洁净。

（6）检查所有衣片面料、辅料是否准确无误。

若检查出衣片与样板间存在误差，经过修改后能达到规格要求的要尽量修复，无法修复的要找出原因，该换的就换。在企业，为了节约面料，可将存在误差的大样片修复成小样片，小样片尽可能配制成服装零部件。

二、裁片的分类与标记

在进行裁片的分类与标记工作时必须注意以下事项。

1. 同一件衣服的裁片必须采自同一层布

同一件衣服各部位的裁片必须采自裁床上的同一层布料。如果一扎裁片中有来自不同的布层裁片，缝好的服装各部分有可能出现不同的色差。

2. 同扎裁片必须同一尺码

每一扎裁片只可以有一个尺码。如果一扎裁片中混有不同的尺码，则会给车工带来缝制上的困难。如果将不同尺码的裁片缝制在一起，可能会影响产品的质量，也会因返工造成人力、时间和财力上的浪费。

3. 每扎裁片的数量要准确

每扎裁片的数量要确保准确。如果一扎裁片的数量比工票上所示的少，就是裁片有遗漏。遗漏的裁片必须补裁，那样不仅浪费人力与物力，而且补裁的裁片有可能会带来色差。

4. 裁片标记

批量样片剪裁完成后，需要在每块裁片上做标记。画粉、蜡笔、铅笔等是常用来标记衣服裁片的工具。标记工具在不同的面料上会呈现不同的视觉效果，但标记必须能让人看得清楚，且不能穿透面料显现在布面上。如果确实需要使用墨水笔做标记，标记要做在成衣后隐蔽的位置，操作要细致，不能在裁片上留下墨水污渍。在企业，因墨水笔有较强的渗透性，一般都不采用墨水笔做标记。

三、编号

1. 编号的意义

编号也被称为打号，是指将检查好的衣片按一定的要求进行逐层逐片地编号。其目的是避免出现色差，并防止衣片在生产中发生混乱，保证每一件成品服装的各个部位都是出自同一个编号的数码。

2. 编号的方法

衣片上的编号一般是由多位数字组成，其包含的内容有服装的款号、床数、层数、件数、工号等。例如，编号1208038919006，前四位数字1208表示的是该款的款式编号，数字03表示第三床剪下的衣料，数字89表示第三床的第89层的衣片，数字19表示第三床89层的第19件衣服，数字006表示某工人的工号。此种编号法以便于衣片的可追溯性。编号数字具体多少位以及书写的格式国家都没有统一的规定，由各服装企业依据生产实际情况而编制。

3. 编号的规定

（1）编号的色泽应清晰但不要过于鲜艳。

（2）编号的位置应统一编在衣片反面边缘显眼处。

（3）编写的号码应准确，不得重打、误打、错号等，同时还应进行复核。

（4）应采用打号机进行编号，以便提高准确率和工作效率。

四、包扎

为了确保服装企业各生产车间有序地推进服装生产工作，裁剪部需依据裁床工序将裁剪好的衣片按照生产的要求进行包扎并分配至企业各生产车间。包扎工序在裁片的运输中起着非常重要的作用，它不仅为裁片运输工作提供了便利，还让裁片不会产生错、乱、散的现象。

五、结算用料、退库

一批订货单的产品全部裁剪完成后，由裁床部人员对剩余的材料进行测量和整理并注明数量，填写好"退料单"和"结算单"，传回生产通知单并下达部门。退料单和结算单分别见表6-10、表6-11。

表6-10　某制衣厂退料单

退料编号：　　　　　　　　　　　　　　　　　　　　　　　　　　　　　　　　　年　月　日

通知单号：		合约号：		款式号：			领料单号：	
编号	名称	单位	规格	数量	编号	名称	单位	规格	数量
退料单位：　　　　　　　　　　签章：　　　　　　　　　　　日期：								
收料单位：　　　　　　　　　　签章：　　　　　　　　　　　日期：								

表6-11　某制衣厂服装用料结算单

结算单编号：　　　　　　　　　　　　　　　　　　　　　　　　　　　　　　　　年　月　日

通知单号	合约号	款式号	通知件数	裁剪件数	面料总计用料	里料总计用料	衬料总计用料	袋布总计用料
订单号	数量	面料单件用料	面料合计用料	里料单件用料	里料合计用料	节约原料情况		
						面	里	衬
						结料员	复核	负责人
						备注		

六、树立安全意识

服装工业裁剪用的工具都是带电作业，特别是在使用电剪剪裁布料时，要将电线放在电剪的后面。推动电剪时，用力要均匀，做到缓缓前进、运刀。左手按住布料的时候，一定要放在电剪刀片的保险杠之外，以免发生意外。剪裁完毕，要立即切断设备电源，拔下电源插头，并将电剪设备放至安全且不容易被人碰撞到的地方，始终树立"安全第一"的生产意识。

参考文献

［1］刘瑞璞. 服装纸样设计原理与应用：男装编［M］. 北京：中国纺织出版社，2008.

［2］刘瑞璞. TPO 品牌女装设计与制版［M］. 北京：化学工业出版社，2015.

［3］文化服装学院. 文化服装讲座（新版）［M］. 郝瑞闽，译. 北京：中国轻工业出版社，2006.

［4］国家技术监督局. 中华人民共和国国家标准服装号型：男子，女子［S］. 北京：国家技术监督局，1992.

［5］欧内斯廷·科博，等. 服装纸样设计原理与应用［M］. 戴鸿，等译. 北京：中国纺织出版社，2000.

［6］纳塔莉·布雷. 经典服装纸样设计（基础篇）［M］. 王永进，等译. 北京：中国纺织出版社，2001.

［7］纳塔莉·布雷. 经典服装纸样设计（提高篇）［M］. 刘驰，等译. 北京：中国纺织出版社，2001.